이산화탄소 전환 및 격리 기술 소개

Introductory Carbon Dioxide Conversion & Sequestration

김동선 · 조정호 · 박희경 편저

A-JIN 도서출판 아진

머리말

이 책의 목적은 이산화탄소(CO_2)의 넓은 영역에서 재생 가능한 합성 연료 및 화학 물질로 전환하는 일반적인 과학적, 기술적 배경을 독자들에게 제공하는 것이다. 열 촉매, 전기화학, 광촉매 및 생물학적 경로가 논의되며, 특히 지속 가능성에 중점을 두고 있다. 더 자세한 것에 관심이 있는 독자들은 본문 전체에 걸쳐 제공되고 있는 많은 리뷰들을 참조하면 된다. 이 책은 전문적인 배경이 필요 없는 방식으로 쓰여 졌다. CO_2 변환 경로의 각 유형에 대해, 독자는 먼저 기본 원칙을 도입한 후 반응 메커니즘과 설계 시 고려사항에 대한 보다 설득력 있는 논의가 뒤따른다. 기술적 도전과 실질적인 실현 가능성에 대해 특별히 강조하였다.

산업혁명과 인간 대중화의 빠른 성장에 이어 대기 중 CO_2의 배출은 지구 온난화의 중요한 요인이 되었다. 현재 세계 에너지 시장은 화석 연소에 주로 의존하고 있으며, 이는 CO_2 배출을 크게 유발하는 낮은 에너지 전환 효율 프로세스이다. 화석 에너지에 대한 지나친 의존은 경제적, 지리적 정치적 결과를 초래한다. 동시에, 대체 가능한 재생 에너지원은 빠르게 증가하는 수요를 공급할 수 없다. 미래에는 인공 기후변화의 정확한 결과를 예측하는 것이 다소 어렵지만, 과학계에서는 CO_2 배출을 제한하는 것이 매우 바람직하다는 의견의 일치가 있다.

대기 중 CO_2 농도를 줄이기 위한 세 가지 주요 접근방식이 있다. 즉, CO_2 배출량을 직접 감소시키는 방법, CO_2 포획 및 저장 방법, 연료 및 플랫폼 화학 물질로의 전환을 통한 CO_2 이용이다. 첫 번째 접근법은 주로 화석 연료의 이용 효율 개선에 기초한다. 사실, 이 방면에서 매우 중요한 진전이 이루어졌다. 그러나 이 경로를 통해 CO_2 배출량을 낮추는 것은 개발도상국의 인구 증가와 높은 삶의 질로 인해 어렵다. 예를 들어 지질학적 형태에서 CO_2 포획과 저장을 통한 배출량 감소는 투자비 및 운영비용 때문에 용량이 제한되어 있기 때문에 이 접근방식의 광범위한 상용화를 어렵게 한다.

그 대안은 CO_2를 합성 연료와 화학 물질로 변환하여 인공 탄소 순환을 만드는 것이다. 유해한 온실 가스인 CO_2는 또한 훌륭하고, 불연성이고, 부식되지 않는 탄소 원천이다. 석탄 및 천연가스 연소 발전소, 바이오가스 및 매립가스(최대 50% CO_2)의 배연가스, 암모니아 생산 및 발효와 같은 여러 산업공정의 배출가스를 공급 망으로 보면 자원이 풍부하다. 또한 천연가스와 석유 생산 유정을 동반한 많은 양의 CO_2가 대기 중으로 배출된다.

CO_2를 연료와 화학물질로 변환하려면 수소(H_2)가 필요하다. 사실, 수소, 탄소, 산소는 우주에서 가장 풍부한 원소들 중 하나이고, 메탄(CH_4), 물(H_2O), 이산화탄소(CO_2)와 같은 원소들로 구성된 단순한 분자들이다. 지구에는 CO_2를 위한 H_2의 공급원으로 사용될 수 있는 많은 물이 있다. 그러나 H_2O에서 H_2의 발생은 많은 에너지를 필요로 한다. 만약, 이 에너지가 재생 가능한 에너지원을 이용하여 제공될 수 있다면, 그러한 과정은 CO_2에서 재생 가능한 합성 연료를 생산하는 통로를 만들 것이다.

분명히, 이러한 접근법은 탄소 기반 연료와 화학물질을 위한 대체적이고 재생 가능한 공급원을 제공함으로써 온실 가스 배출과 화석 연료 소비를 줄일 수 있기 때문에 매력적이다. 그러나 CO_2는 고도로 산화되고 안정적인 분자이며, 전환하려면 상당한 에너지 투자가 필요하며, 이로 인해 전체 공정 연결이 지속 가능하지 않게 될 수 있다. 또한, 재생 가능한 CO_2 전환 공정은 높은 자본 투자를 필요로 하는 재생 가능한 에너지원에 의존해야 한다. 따라서 CO_2를 연료 및 화학 물질로 전환하기 위한 진정으로 취약한 경로를 인식하는 것이 매우 중요하다. 기술-경제적 평가와 결합된 CO_2 전환 메커니즘의 근본적인 이해에 기초한 중요한 평가가 필요하다.

이 책은 가장 최근에 화학 및 생물학적 경로를 통해 유용한 연료 및 화학물질에 대한 CO_2 이용의 진척 상황을 요약하고 있다. 광화학, 전기화학, 열전자 소자 및 생물학적 변환을 포함한 다양한 프로세스와 그 기법이 논의된다. 각 장에서 기초 지식을 제공하고, 분석 및 설계 고려사항을 논의하고, 분개한 진행상황과 기술적 난제를 요약한다. 이 책은 화학 반응 공학, 촉매, 반응기 설계, 전기화학, 생명공학 분야의 학계 및 산업 연구자들에게 유용하게 이용될 것이다.

차 례

제 1 장 서론

1750년 산업혁명 이후, 인간의 활동으로 대기 중 이산화탄소 농도가 40% 증가해 지구 온난화 속도가 빨라졌다. 거대한 인공 이산화탄소 배출로 인한 지구 온난화와 기후 변화를 완화하기 위해, 다른 전략, 행동 계획, 그리고 경제 기구들이 전 세계적으로 제안되고 구현되었다. 이 장에서는 기후 변화와 지구 온난화의 의미와 중요성이 설명된다. 기후변화에 관한 유엔 기본협약(United Nations Framework Convention on Climate Change (UNFCCC)) 당사자들의 몇 가지 중요한 공식 회의(Conferences of the Parties(COP))의 개요는 전 세계 온실가스 배출을 다루는 주요 이정표를 밝히기 위해 제공된다.

1.1. 기후 변화와 지구 온난화: 의미와 중요성

온실 가스(Greenhouse gases (GHG))는 열 적외선 범위 내에서 방사선을 흡수하고 방출하여 온실 효과를 발생시킬 수 있는 대기 중 기체이다. GHG가 없다면 지구 표면의 평균 온도는 현재 평균 59° F(18° C)가 아닌 약 0° F(−18° C)가 될 것이다. 지구의 주변 온도에 영향을 미치는 가스 중에서 다음이 가장 흥미로운 이유는 오래 지속되는 온실 가스(long-lived greenhouse gases (LLGHGs))로 알려져 있기 때문이다.

- ▣ Carbon dioxide (CO_2)
- ▣ Methane (CH_4)
- ▣ Nitrous oxide (N_2O)
- ▣ Chlorofluorocarbons (CFCs)
- ▣ Hydrochlorofluorocarbons (HCFCs)

▣ Hydrofluorocarbons (HFCs)
▣ Perfluorocarbons (PFCs)
▣ Sulfur hexafluoride (SF_6)

지구 대기 중 가장 풍부한 GHG는 수증기, CO_2, CH_4, N_2O, O_3 및 CFCs이다. 이 가스들은 자연 발생원과 인위적인 공급원에 의해 대기로 방출될 수 있다. 그러나 산업혁명이 시작된 이후 인간의 활동은 대기 중 CO_2 농도를 1750년 280 ppm에서 2015년 400 ppm으로 40% 증가시켰다. 대기 중 CO_2 농도의 급격한 증가는 정부, 산업, 학계로부터 세계적인 기후 변화에 대한 전 세계적인 우려를 촉발시켰다. CO_2의 인위적인 배출은 주로 삼림 벌채, 토양 침식, 동물 농업과 함께 탄소 기반 화석 연료(석탄, 석유, 천연가스 등)의 연소에서 발생한다. 주요 인위적 GHG는 국제 교토 의정서에 따라 규제되는 CO_2, CH_4, N_2O, HFC, PFCs, SF_6이다. 지구 온난화 잠재력(global warming potential (GWP))은 GHG로서 분자의 효율성과 대기 수명 모두에 의존한다. CO_2는 전체 기간에 걸쳐 1의 GWP를 가지는 것으로 정의된다. 예를 들어, 메탄은 대기 수명이 12 ± 3년이고 20년의 기간에 걸쳐 GWP 값이 72이다.

1.2. 완화와 적응(Mitigation and Adaptation)

대양은 대기의 이산화탄소 농도의 불균형으로 인해 자연에서 주요한 단기적인 싱크대이다. 자연 싱크대가 매우 중요하지만 오버슈트 후 −0.5° C의 온도 감소 효과를 제공한다. 이산화탄소 포집 및 저장(Carbon Capture Utilization and Storage (CCUS))과 빠른 산림 개간과 같은 인위적인 싱크대의 주요 적용은 2° C에서 고원을 달성하기 위해 필요하다. 대기 중 CO_2를 제거하는 기술이 없다면, 21 세기에는 350 CO_2 ppm 목표치에 도달하지 못할 것이다. 급속한 지구 온난화를 완화하고 거대한 인공적 CO_2 배출로 인한 기후 변화에 적응하기 위해, 다양한 측면에서 다양한 전략과 도구가 제안되고 구현되었다. 지구 온난화의 도전을 극복하기 위한 과학적 해결책을 모색하기 위해 실행 계획과 실용적인 기술이 실행되었다. 국제 에너지 기구

(International Energy Agency(IEA))보고서에 따르면, CO_2 배출을 줄이기 위한 전략에는 (1)전반적인 에너지 효율 개선, (2)탄소 포획 및 저장(Carbon Capture and Storage(CCS)) 기술 구현, (3)재생 에너지 및 자체 재활용 활용 등이 포함된다. 위의 전략들 중, CCS 기술은 산업 분야에서 CO_2 배출량을 현재 수준에 비해 2050년까지 9-50% 까지 감소시킬 수 있으며, 누적 세계 기후 변화를 2100년에는 15-55% 까지 완화할 수 있다.

탄소 배출량에 가격을 매기는 것 또한 환경 피해의 부담을 줄일 수 있는 사람에게 돌려주는 것을 도울 수 있다. CO_2 배출량 감소를 가속화하기 위해 사용할 수 있는 탄소 가격 결정 도구에는 (1)배출권 거래제(Emissions Trading Systems (ETS)) 및 (2)탄소세 두 가지가 있다. 탄소 가격 결정 도구의 선택은 국가 및 경제 상황에 따라 달라진다. ETS는 때때로 거래 한도 시스템으로 언급된다. 그것은 온실 가스 배출의 총 수준을 나타내고, 배출량이 적은 산업들이 더 큰 배출자들에게 그들의 여분의 허용량을 팔 수 있게 한다. ETS는 배출 허용량에 대한 수요와 공급의 플랫폼을 생성함으로써 온실가스의 시장 가격을 효과적으로 설정할 수 있다. 배기가스 배출 장치가 미리 할당된 탄소 예산 내에 유지되도록 한다. 반대로 탄소세는 화석 연료의 온실가스 배출(또는 탄소 함량)에 대한 세율을 정의함으로써 탄소 가격을 직접 정의 한다. 탄소세의 배출량 감소 결과는 미리 정의된 것이 아니라 탄소 가격이기 때문에 ETS와는 다르다.

1.3. 세계적인 CO_2 완화에 대한 전략

대기 중 지구 평균 CO_2 농도가 증가하면 더 온난해지고 지구 기후 체계에 많은 변화가 일어날 수 있다는 점에 주목한다. 대기 중 CO_2를 줄이기 위해 5가지 전략이 있다.

- 전략 1: CO_2 발생원의 양 감소(에너지 집약도 감소)
- 전략 2: CO_2 사용(또는 탄소 집약도 감소)
- 전략 3: CO_2 포집 및 저장
- 전략 4: 기존 연료에서 덜 탄소 집약적 연료로 전환
- 전략 5: 재생 에너지 사용 증가

세 번째 전략에는 화석연료의 지속적인 광범위한 연소에 대한 50년 예상, 대기 중 CO_2 농도 최고치 500 ppm에 도달하는 목표, 그리고 새로운 탄소 없는 에너지원의 개발과 구현에 필요한 지연시간 때문에 혁신적이고, 이용 가능하며, 비용 효율적인 탄소 포집 및 저장(CCS) 기술의 개발이 포함된다.

1.4. 저장에서 활용으로의 전환

CO_2 배출량을 줄이기 위한 실행 가능한 옵션으로, CCS 기술을 "활용"으로 통합하기 위해 이산화탄소 포집 및 활용(Carbon Capture and Utilization (CCU))으로 전환하는 것은 세계적으로 엄청난 주목을 받고 있다. 유럽(특히 독일) 및 미국은 탄소 포집, 활용 및 저장(CCUS)기술의 연구 및 개발 분야에서 상당히 발전되어 있다. 포집된 CO_2의 이용 경로에는 연료 회수율 향상(즉, 오일 회수율 및 가스 회수율 향상), 생물학적 변환(즉, 조류), 식품 산업, 화학 물질(즉, 비료 및 액체 연료), 냉매, 불활성제, 화재 억제제, 플라스틱 및 심지어 탄산염으로 광물화(즉, 침전된 탄산칼슘(Precipitated Calcium Carbonates(PCC)) 및 건축 자재)등이 포함된다. CCUS 기술의 이점은 다음과 같다.

- 잠재적으로 연간 CO_2 배출량을 최소 3.7 Gt까지 감소시킨다. 이는 전 세계 연간 배출량의 약 10%에 해당한다.
- 녹색 일자리와 경제적 이익을 창출하고 방지 비용을 상쇄하는 부가가치 제품이다.

그 결과, CCUS 기술은 지속 가능한 에너지 기술 개발을 위한 전환 기간 동안 지구 온난화의 영향을 감쇠하기 위한 핵심 전략이다. CCUS는 지속 가능한 에너지 시스템으로의 경로에서 중요한 전략으로 간주되며, 2050년까지 전 지구 CO_2 배출량의 14%를 감소시키는데 기여할 것이다. 그러나 CCUS 기술만으로는 현재 농도를 안정화하는데 필요한 수준으로 CO_2 배출량을 줄일 수 있는 단기-중기 방안들을 제공할 수 없다. 오히려, 사회 및 경제적 비용을 최소화하면서 가장 효과적인 CO_2 절감을 달성하기 위해 포트폴리오 솔루션을 식별해야 한다.

그림 1.1에는 CO_2 포집, 저장(격리), 활용(직접 사용), 화학 물질 및/또는

연료로의 전환을 비롯한 주요 CCUS 기술이 나와 있다.

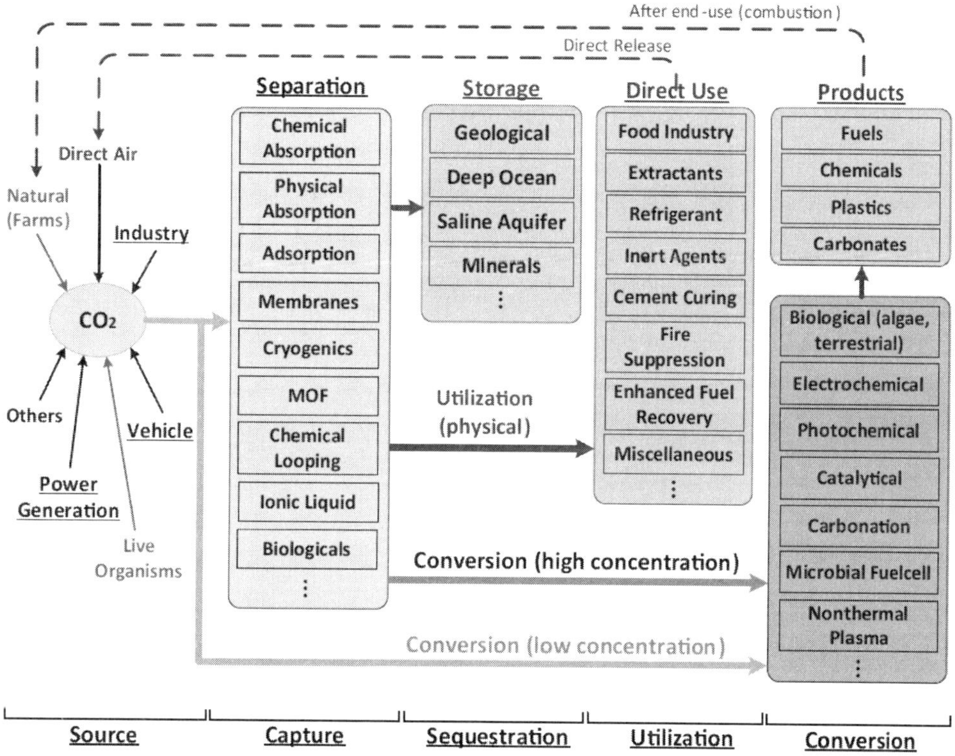

그림 1.1. 연소 후 탄소 포집, 이용 및 저장(CCUS) 기술의 개념.

1.5. 이 책의 내용과 구성

이 책은 CO_2 포집, 활용, 격리 및 저장(CCUS)에 대한 전반적인 정보를 제공하고자 한다. 지난번에 교재에서는 이산화탄소 포집 관련 정보를 많이 서술하였고, 이산화탄소 저장은 본 인력 양성을 공동으로 수행하는 자연대 지구환경과학과에서 자세히 집필하였기 때문에 포집된 CO_2을 활용하여 연료나 유용한 화학물질로 전환하는 기술과 포집된 CO_2를 격리하는 기술을 서술하고자 한다.

제2장은 열 촉매에 의한 CO_2 전환 기술, 제3장은 전기 화학촉매에 의한 CO_2 전환기술, 제4장은 광촉매에 의한 CO_2 전환기술, 제5장은 생물학적 방법에 의한 CO_2 전환기술, 제6장은 오일 회수 증진에 CO_2의 사용 및 탄소에서 포집 및 격리 그리고 제7장은 가속된 탄산염을 통한 CO_2 광물화 및 이용을 서술한다.

본 교재는 다음의 국내 서적, 논문 및 보고서와 외국 서적들을 참고로 작성되었다 것을 밝힌다. 또한 본 교재는 CCUS 인력양성 사업의 고급형의 일환으로 대학원 교재로 사용하기 위해서 작성되었다.

제 2 장 이산화탄소의 열 촉매 전환

현재 CO_2 배출량 감소를 위한 방안은 주로 발전소 및 그 저장소에서 배출되는 CO_2 포획에 의존하고 있나. 이러한 공정은 아민 흡수법, 압력 변환 흡착 또는 막 분리에 따르른 극저온 액화 분리로 CO_2 분리에 기초한다. 정제된 CO_2는 지질학적으로 저장하거나 오일 회수율을 높이기 위해 사용할 수 있다. 이 공정들은 에너지 집약적이며 높은 투자 및 운영비용을 초래 한다. 또한 지하 저수지의 CO_2 저장에 따른 장기적인 영향도 명확하지 않다. CO_2 저장의 대안은 화학공업에 사용되는 화석 공급원을 잠재적으로(최소한 부분적으로) 대체할 수 있는 연료 및 화학 물질로의 화학적 전환이다.

유해한 온실 가스인 CO_2는 또한 탄소, 비인화성 및 비부식성의 훌륭한 공급원이다. 석탄 및 천연가스 연소 발전소의 배연가스, 바이오가스 및 매립 가스(최대 50 mol% CO_2), 암모니아 방출 및 발효와 같은 여러 산업 공정의 배출가스 공급망 등 자원이 풍부하다. 또한 천연가스와 석유 생산 유정(관련 석유 가스)을 동반한 CO_2의 많은 자원이 있다.

포집된 CO_2를 합성 연료 및 화학 물질로 변환하는 것은 CO_2 배출 감소를 위한 매력적인 방법이다. 따라서 이 주제는 전 세계 많은 연구 단체들의 관심을 끌고 있다. 많은 연구 노력이 CO_2 저감을 위한 H_2 공급원으로 물을 사용하는 수용성 환경에서 포름산 및 메탄올을 포함한 다양한 제품으로 CO_2의 광화학 및 전기화학적 환원에 집중되어 왔다. 이 접근방식은 물과 CO_2를 에너지원으로만 사용하기 때문에 매력적이다. 그러나 광화학 CO_2 환원은 태양열 이용에 내재된 제한이 있는 반면, CO_2의 전기 화학적 감소는 전기 사용 효율이 낮은 편이다. 두 공정 모두 물에서 CO_2 용해도가 낮기 때문에 제한되며 확산에 심각한 제한이 있다. 대안적 접근법은 고온과 불균형 촉매의 사용을 결합하여 빠른 반응 속도를 제공하고 대량 생산을 가능하게 하는 열 촉매 전환이다.

2.1. 동기 부여 및 일반 배경

CO_2를 연료 및 화학물질로 변환하려면 H_2의 소스가 필요하다. 천연가스의 수증기 개질을 통한 수소 생성은 명백히 선택 사항이 아니다. 그것은 전체적인 탄소 발자국을 초래할 것이기 때문이다. 그러나 필요한 H_2가 재생 가능한 전기(태양, 바람 또는 수력)를 사용하여 물의 전기분해를 통해 생산되는 경우, 결과적으로 생성된 합성 연료는 재생 가능하다. 또한 적절한 상황에서 오프-피크, 잉여 전기 또는 저탄소 발자국 전기(핵전력)의 활용도 관련이 있을 수 있다. 궁극적으로, 재생 가능한 H_2를 이용한 대규모 열 촉매 변환은 우리의 에너지 분배 시스템에서 배출되는 CO_2를 재활용하는 인위적인 탄소 순환을 만들 수 있으며, 따라서 화석 연료의 소비를 줄일 수 있다.

그림 2.1에 몇 가지 주목할 만한 열 촉매 변환 경로가 나와 있다. 합성가스(주로 H_2와 CO의 혼합물)를 생산하기 위해서 메탄(CH_4)은 메탄 증기 개질과정에서 수증기와 반응 할 수 있거나 메탄 건식 개질(Methane Dry Reforming(MDR))을 통해 이산화탄소와 반응할 수도 있다. 합성가스를 생성하는 또 다른 방법은 CO_2 수소화를 위한 매력적인 방법으로 역수성가스 변환 반응(Reverse Water Gas Shift Reaction(RWGS))이 있다.

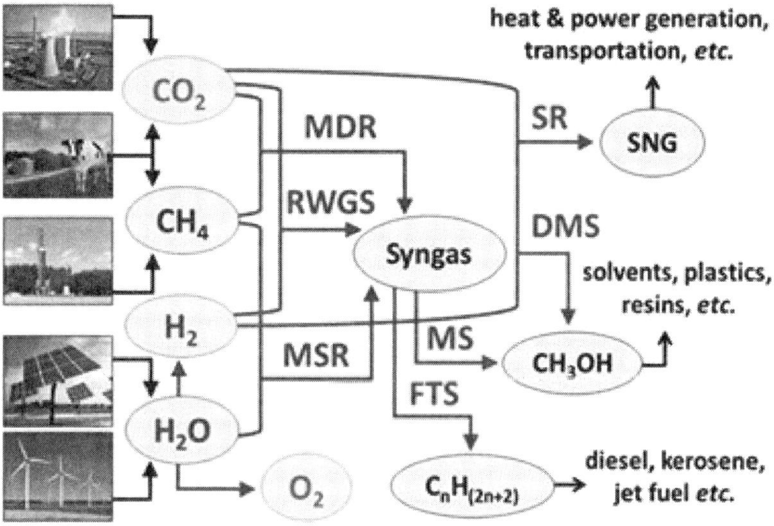

Fischer-Tropsch 합성(FTS), 직접메탄올 합성(DMS), 메탄올 합성(MS),
메탄 수증기개질(MSR), 메탄 건식개질(MDR),
역 수성가스 전환반응(Reverse Water Gas Shift Reaction(RWGS),
Sabatier 반응(SR), 합성천연가스(SNG), 재생 가능 천연가스(RNG)

그림 2.1. 재생 에너지, 물 및 온실 가스를 합성 연료로 전환하는 다양한 경로.

합성가스는 Fischer-Tropsch 합성을 통해 연료로 메탄올 합성(Methanol Synthesis(MS))을 통한 다양한 화학 물질로 보다 더 전환 될 수 있는 귀중한 화학 원료이다. 또한 메탄올은 직접 메탄올 합성(Direct Methanol Synthesis(DMS))을 통해 CO_2와 H_2로부터 생성 될 수 있다. CO_2 수소화를 위한 또 다른 경로는 보통 합성 천연가스(Synthetic Natural Gas(SNG)) 또는 재생 가능한 천연가스(Renewable Natural Gas(RNG))라고 하는 합성 CH_4을 생성하는 고도 발열성 사바티어 반응((Sabatier reaction(SR), 이산화탄소 메탄화 라고도 함)이다.

2.2. 전환 경로 및 주요 과제

이산화탄소(CO_2)는 열 촉매 경로를 통해 다양한 합성 연료 및 화학 물질로 변환 할 수 있다. 산업 규모 구현 가능성이 높은 가장 주목할 만한 공정은 식 (2.1)의 메탄 건식 개질(MDR), 식 (2.2)의 역 수성가스 전환 반응(RWGS), 식 (2.3)의 Sabatier 반응, 그리고 식 (2.4)의 직접 메탄올 합성(Direct Methanol Synthesis(DMS)) 반응 이다.

반응 물질로서 H_2를 포함하는 공정의 경우, H_2는 지속 가능한 과정을 만들기 위해 재생 가능한 소스(예: 태양 및 풍력 에너지를 사용한 물 전기분해)에서 시작되어야 한다. MDR 반응은 H_2가 필요하지 않다. 그 대신 CH_4을 수소의 원천으로 활용한다. 이 모든 과정은 CO_2를 직접 합성 연료와 화학 물질의 생산 경로에 직접 관여되어 있다. MDR 반응은 높은 흡열반응이고, RWGS는 약한 흡열반응이며, SR과 DMS는 높은 발열반응이다. 따라서 효율적인 열 공급이나 제거는 혁신적인 반응기 설계를 요구하면서 해결해야 할 과제 중 하나이다.

$$CO_2 + CH_4 \Leftrightarrow 2CO + 2H_2 \qquad \triangle H^o_{298K} = +247.3\,kJ/mol \qquad (2.1)$$

$$CO_2 + H_2 \Leftrightarrow CO + H_2O \qquad \triangle H^o_{298K} = +41.2\,kJ/mol \qquad (2.2)$$

$$CO_2 + 4H_4 \Leftrightarrow CH_4 + 2H_2O \qquad \triangle H^o_{298K} = -164.9\,kJ/mol \qquad (2.3)$$

$$CO_2 + 3H_4 \Leftrightarrow CH_3OH + H_2O \qquad \triangle H^o_{298K} = -49.2\,kJ/mol \qquad (2.4)$$

위에 언급한 모든 반응에서 심각한 촉매 비활성화가 발생할 수 있는 것과 같이 또 다른 주요 당면 과제는 촉매에 관한 연구이다. 따라서 높은 활성도와 안정성은 있지만 경제적으로 이 과정을 실현하려면 새로운 나노 구조 촉매가 필요하다.

불균형 촉매는 식 (2.5)의 메탄 증기 개질(MSR), 식 (2.6)의 수성 가스 전환(WGS), 식 (2.7)의 CO의 메탄화와 같은 산업 규모에서 널리 사용된다.

$$CH_4 + H_2O \Leftrightarrow CO + 3H_2 \qquad \Delta H^o_{298K} = +206.1\,kJ/mol \tag{2.5}$$

$$CO + H_2O \Leftrightarrow CO_2 + H_2 \qquad \Delta H^o_{298K} = -41.2\,kJ/mol \tag{2.6}$$

$$CO + 3H_2 \Leftrightarrow CH_4 + H_2O \qquad \Delta H^o_{298K} = -206.1\,kJ/mol \tag{2.7}$$

수성가스 전환반응(WGS)은 역 수성가스 전환반응(RWGS)의 역반응이고, CO 메탄화는 메탄 수증기 개질(MSR)의 역방향 공정이며, 현재 전 세계적으로 생산된 H_2의 대부분은 대규모 공장의 MSR과 WGS를 통해 생성된다. 메탄올은 암모니아 합성 공장에서 사용되며, 이러한 과정에서 사용되는 상용 촉매는 일반적으로 저비용 전이금속(예: Ni, Cu, Cr, Fe)에 기반 한다. 식 (2.1) ~ (2.4)에서 설명한 공정과 식 (2.5) ~ (2.7)로 표시되는 CO_2 이용 경로 사이에는 특정한 유사성이 있다. 이러한 모든 경로는 불균형 촉매 변환을 사용한 열 촉매 전환을 기반으로 하며, CH_4, CO_2, CO, H_2O와 같은 단순한 분사가 기체상으로 관여하고 있다.

위에 언급한 저비용 상용 촉매를 CO_2 이용에 대한 열 촉매 공정에 사용할 수 있다면 매우 바람직할 것이다. 그러나 안타깝게도 이러한 촉매는 여러 가지 이유로 인해 열 촉매 CO_2 전환에 적합하지 않다. 우선, CO_2 분자는 활성화가 매우 어려워 우수한 촉매 활동을 요구하는 상업적인 개질과 메탄화 촉매로는 제공될 수 없다. 또 다른 중요한 문제는 코킹현상(Coking)이다. MSR과 WGS와 같은 상업적인 과정에서 과도한 증기는 탄소 형성을 감소시킨다. 그러나 CO_2 수소화 반응은 반응 생성물인 과잉 증기로 실행할 수 없다. 식 (2.2) ~ (2.4)의 이러한 반응들은 가역적이기 때문에, 과도한 양의 물은 평형을 CO_2 형성을 향해 반대 방향으로 움직이게 할 것이고, 낮은 CO_2 변환으로 이어질 것이다.

반응기 설계와 관련하여, 다양한 열 촉매 과정을 위해 화학 산업에 성공적으로 채택된 많은 개념적 해결책이 있다. 널리 인정되는 설계 중에는 고정층(충전층이라고도 함) 반응기와 유동층 반응기가 있다[3]. 고정층은 일반적으로 더 작고 실행이 간편하지만 열 관리는 사바티어 반응 및 직접 메탄올 합성과 같은 높은 발열 공정에서 문제가 될 수 있다. 그 이유는 충전층의 열전달이 그리 효과적이지 않기 때문이다. 반면, 유동층은 더 나은 운송 특성을 제공한다. 그러나 이러한 유형의 반응기는 부피가 커서 유량의 측면에서 좁은 운전 조건으로 제한된다.

열 촉매 CO_2 수소화 프로세스의 성공적인 상용화를 위해 극복해야 할 많은 과제들이 남아 있다. 지금까지 대부분의 작업은 석탄이나 건식 바이오매스를 탄소의 공급원으로 사용하는 메탄올화에 대해 이루어졌으며, 이는 메탄화하기 전 여러 단계의 가스화 및 분리를 필요로 하기 때문에 전체 시스템이 비효율적이다[3]. CO_2의 직접 수소화가 훨씬 더 매력적이지만(H_2의 재생 가능한 저비용 공급원이 있다는 점을 고려할 때), 반응기 설계는 특히 열 관리에 있어 매우 어려움이 많다. 대안 중 하나는 흡열 반응과 발열 반응을 결합하고, 반응 및 분리 단계를 고효율 촉매 단위에 통합하는 다기능 반응기의 사용이다. 그러한 반응기의 설계는 어렵고 모델링과 최적화를 필요로 하지만 단위가 CO_2로 합성 연료를 만들기 위해 작고 환경적으로 실현 가능한 해법을 제공할 수 있기 때문에 가능성은 크다. 반응기 설계의 또 다른 측면은 공정에 직접 또는 간접적으로 재생 에너지원을 통합하는 것이다. 예를 들어, 태양 에너지는 집중되고 높은 발열 반응을 위한 열원으로 사용될 수 있으며, 태양 조사 에너지를 화학 결합 에너지로 저장한다.

2.3. 촉매 비활성화

우선, 위에 언급된 식 (2.1) ~ (2.7)은 전체 반응을 나타낸다는 점을 강조해야 한다. 실제로 각 반응은 가스상과 고체상 사이의 계면에서 발생하는 여러 가지 기본적인 단계로 구성된다. 기존의 불균형 기체-고체 상 촉매는 세라믹 지지체에 분산되어 있는 금속 나노 입자(일반적으로 전이 금속들)로 구성된다. 그림 2.2(메탄 증기 개질의 경우)에 도식적으로 표시되어 있는 것과 같이 반응물이 먼저 촉매 표면에 흡착하여 분리되어 반응한 후 탈착을 수행한다. 일부 분자는 활성화하기 어렵고(예: CH_4 및 CO_2) 금속 또는 높은 촉매 활성 상태의 다른 표면에서만 분리될 수 있다. 다른 분자(예: H_2O)는 세라믹 지지체에서도 분리될 수 있으며, 특히 지지체가가 산화 환원 기능을 갖춘 경우 더욱 그러하다.

$$\text{MSR:}\quad CH_4 + H_2O \rightleftarrows CO + 3H_2$$
$$\text{WGS:}\quad CO + H_2O \rightleftarrows CO_2 + H_2$$

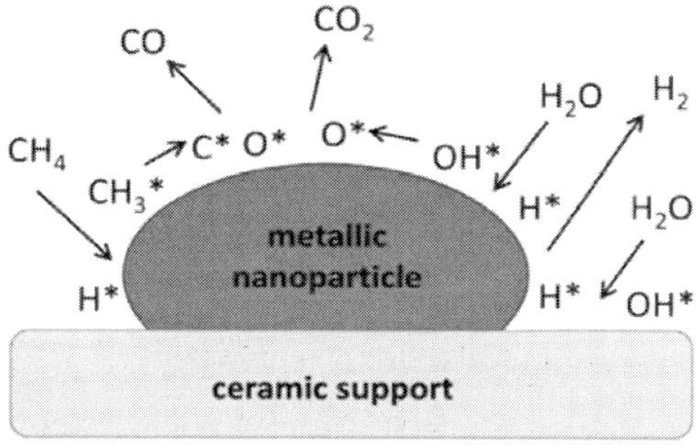

그림 2.2. 지지체 위의 금속 나노입자의 표면에서 발생하는 MSR-WGS 프로세스 개략도의 표시.

CO_2를 CO, CH_4, CH_3OH 및 탄화수소로 변환하기 위한 가능한 기본 난계는 그림 2.3[2]에 나와 있다. "공식 경로"에서 흡수된 수소(*H)는 흡수된 CO_2(*CO_2)와 반응하여 수소 분해와 관련된 일련의 기본 단계를 거친 흡착 형태(*HCOO)를 형성한다. "RWGS 및 CO 수소화 경로"에서 초기에 형성된 카복시산 종(*HOCO)은 분리되어 형성된다. O와 OH 종 및 *CO 중급기는 CO로 탈착하거나 "CO_2-FT 경로"를 따라 CH_3OH, CH_4 또는 기타 탄화수소를 형성하는 추가적인 수소화 단계를 수행할 수 있다(FT는 Fischer-Trops). 이러한 변환 경로 중 하나를 수행하기 위해서는 매우 능동적이고 선택적 촉매의 속도론 요구 사항 외에 열역학 관련 제약들도 있다. 메탄올 합성과 피셔-트로프슈(Fischer-Trops(FTS))는 매우 발열반응이지만, RWGS 반응은 흡열반응이다.

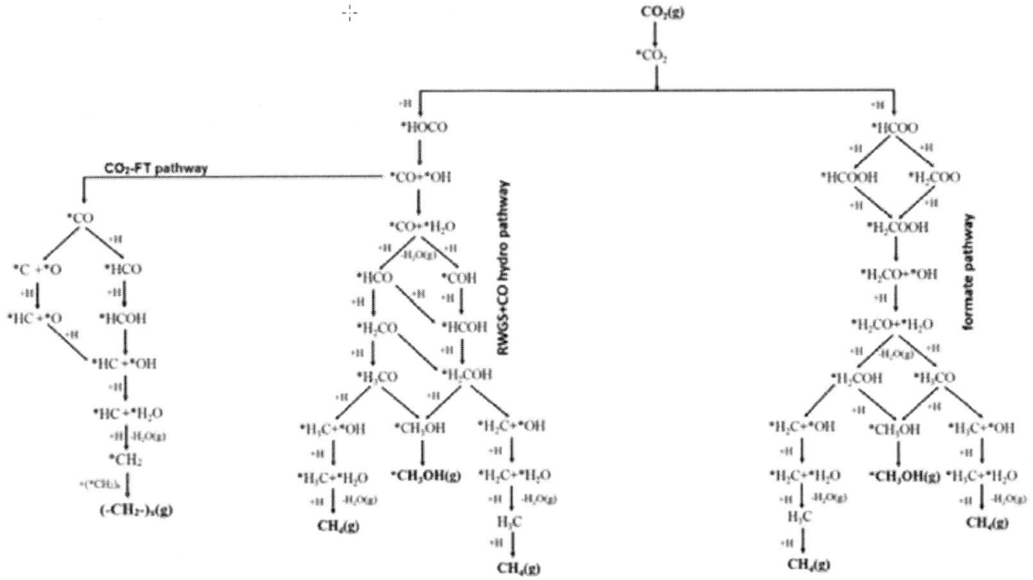

그림 2.3. CO_2를 CO, CH_3OH, CH_4 및 상위 탄화수소로 변환하기 위한 가능한 기본 반응 체계[2].

따라서 운전온도와 압력은 생성물의 분배에 영향을 미치는 중요한 변수 중 하나가 될 것이다[4,5]. $H_2/CO_2=3$의 흡입구 몰비에서 RWGS 반응에 대한 생성물 가스의 평형 조성은 그림 2.4와 같다. Cr, Fe, Cu 및 Ni와 같은 전이 금속과 비교하여 백금 그룹 금속(Ru, Rh, Pd, Os, Ir, Pt)은 촉매 작용이 우수하고 코킹에 대한 저항이 우수하다[1]. 그러나 현재 백금 그룹 금속 기반 촉매 구성물과 관련된 비용은 상대적으로 높은 금속 첨가(1-5 wt%)를 요구하기 때문에 엄청나게 높다.

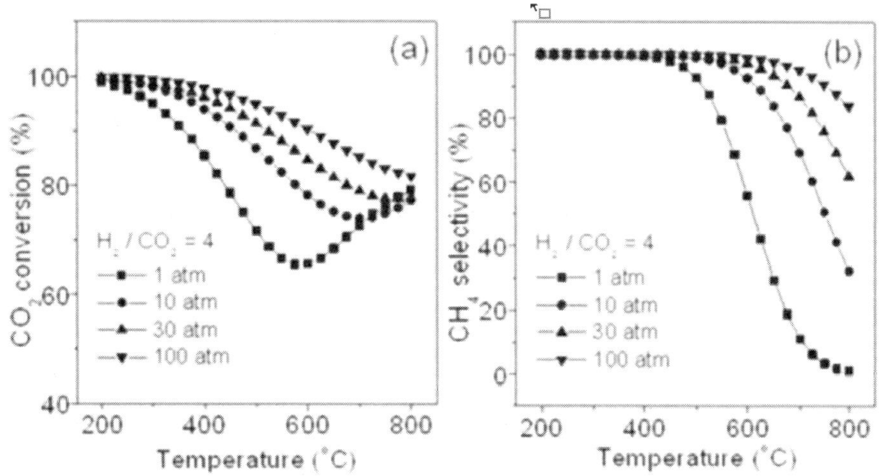

그림 2.4. RWGS의 열역학 평형에 미치는 온도의 영향(반응물에서 1 bar 그리고 $H_2/CO_2=3$)[5].

이러한 촉매가 상업적으로 실현되려면 첨가제를 대폭 줄여야 한다. 다행히 총괄 촉매 활성도가 접근 가능한 활성점들의 양뿐만 아니라 크기와 형태에 따라 달라지는 그 본질에 의해서도 강력한 영향을 받고 있다는 증거가 증가하고 있다[6-9]. 이 결과는 촉매 나노 구조(예: 코어 쉘 나노 촉매, 촉매 나노 로드)에 대한 새로운 방법을 열어 주며, 이 방법을 통해 촉매 첨가의 양을 적어도 한 단위 크기까지 급격하게 감소시킬 수 있는 가능성을 나타낸다[6]. 또 다른 가능한 유망한 접근법은 나노 카바이드, 전이금속 산화물, 양쪽성 금속 및 다 금속 합금 같은 값싼 신소재의 사용이다. 이 방향은 많은 자유도를 제공하며, 전자 밀도에서 시스템의 에너지를 평가하는 최초의 원리 계산 방법인 범밀도 함수 이론(Density Functional Theory(DFT))에 의해 유도될 수 있다.

DFT 방법은 촉매 반응의 기본 메커니즘을 이해하고, 특히 불균형 촉매 시스템의 반응도를 예측하기 위해 적용할 수 있다[1, 10-13]. 특히, 다양한 촉매에 대한 기본 단계의 에너지 구상도에 잠재적 에너지 다이어그램을 쉽게 구성할 수 있다(그림 2.5[11] 참조). 그러한 다이어그램은 특정 반응 조건

집합에 대한 중간 또는 전환 상태의 상대적 안정화를 비교할 수 있다. DFT 기반 예측 모델링은 관련 조건에서 CO_2 수소화에서 촉매 활성이 높은 순수한 금속 및 그 합금을 포함한 물질을 찾아내는데 사용할 수 있다. 그런 다음 선택된 후보자를 실험적으로 테스트하여 실제로 높은 활동을 수행하는지, 그리고 특히 소결, 산화, 코킹 비활성화, 황 중독 등에 대한 안정성을 확인할 수 있다.

촉매 비활성화와 관련하여, 항상 고유 금속이 아닌 촉매가 문제가 된다. 백금 그룹 금속도 심각한 조건이나 장시간 운전 시 비활성화 될 수 있다. 촉매 비활성화의 세 가지 주요 메커니즘은 피독, 소결 및 코킹이다. 그림 2.6에서 도식적으로 보여 준 것 같이 촉매의 피독은 강력한 화학 작용으로 나타나는 촉매 활성점의 손실로 인해 바이오가스의 H_2S와 같은 공급 가스 흐름에서 유황 화합물이 존재할 때 발생한다. 이런 피독의 비활성화는 상류 탈황에 의해 방지할 수 있다. 이러한 전 처리는 투자비 및 운전비용을 증가시키지만 황 중독은 촉매를 빠르게 비활성화 할 수 있다.

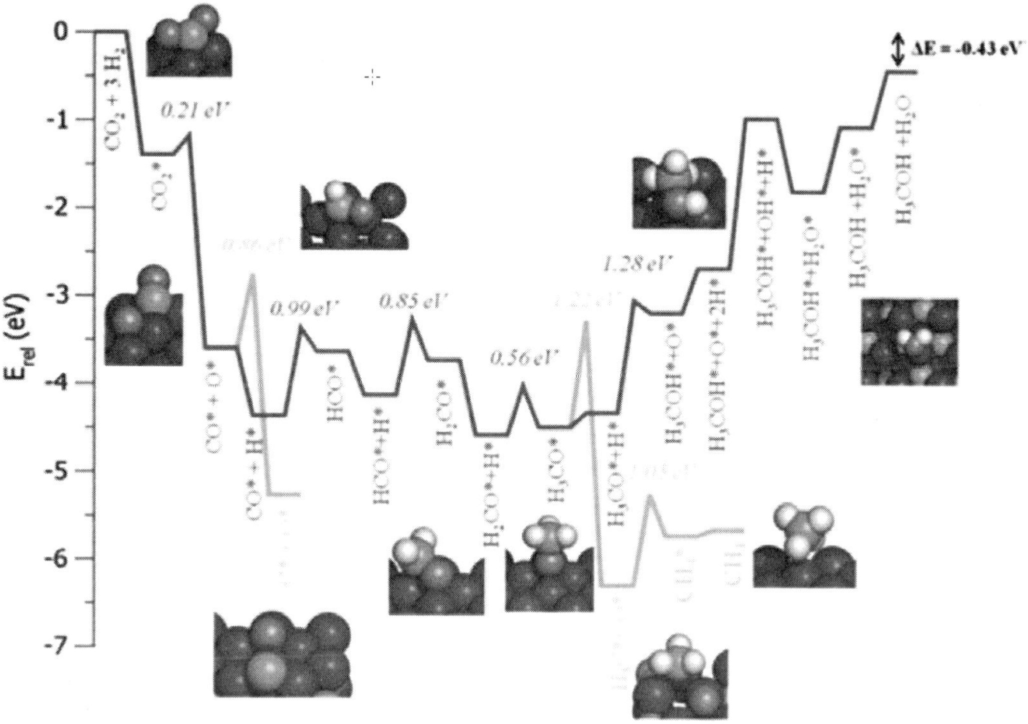

- 보라색, 녹색, 빨간색, 흰색 볼은 각각 Mo, C, O 및 H 원자를 나타냄 -

그림 2.5. 깨끗한 b-Mo_2C(001)-Mo 표면에 있는 메탄올에 대한 CO_2 수소와 계산 에너지 프로필[11].

피독(Poisoning)과 함께, 소결(Sintering)은 촉매 비활성화의 원인이 되는 중요한 요인이 될 수 있다. 소결은 지원되는 금속 나노 입자의 성장과 합성의 결과로 촉매 활성 표면적을 손실하는 과정이다. 나노 입자의 성장은 나노 입자의 이동과 융해, 또는 표면 에너지의 차이로 인해 작은 나노 입자의 비용으로 더 큰 나노 입자의 성장인 Ostwald의 성장에 기인한다. 온도가 높을 때, 금속 나노 입자가 지지체 표면과 상호 작용에서 융합 또는 Ostwald의 성장을 통해 표면 확산을 한다. 그림 2.7[15] 소결에 의한 촉매 비활성화의 최종 결과는 반응을 할 수 있는 촉매 활성 표면의 감소로 인해 촉매 무게 당 전환 속도 감소이다. 그러나 일단 어느 정도 소결이 일어나면, 단지 표면 에너지가 감소했기 때문에 더 큰 나노 입자가 더 느리게 성장하여 소결 속도가 느려진다. 따라서 촉매 소결은 일반적으로 피독이 보통 그렇듯이 완전한 촉매 비활성화로는 이어지지 않는다.

황을 제거하기 위해 적절한 상류 전처리 공정과 일반적인 높은 온도에서 운전한다면, 촉매 피독과 소결의 문제들은 어느 정도 해결될 수 있다.(단, 1,100K 이상의 온도를 요하는 높은 발열반응 MDR, 식 (2.8) ~ (2.10)에 대해서는 예외). 불행하게도, 이것은 서로 다른 온도 체계에서 여러 경로에 의해 발생할 수 있는 코킹에 의한 촉매 비활성화의 경우는 아니다. 탄소가 축적되면 촉매 표면이 오염되고 촉매 기공이 막히고 촉매 지지체가 분해되어 촉매가 비활성화 된다.

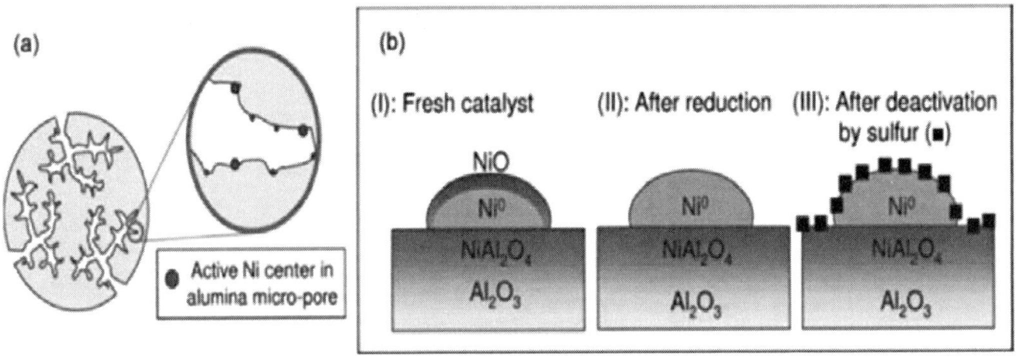

그림 2.6. Ni/Al_2O_3 촉매의 황 중독 메커니즘에 대한 개략적인 설명[14].

침착된 탄소의 세 가지 주요 형태는 중합체화, 수염과 같은 탄소, 그리고 발열성 탄소에 의해 형성된 탄화수소 필름의 캡슐화이다. Ni/MgO 촉매에 대한 백열 탄소의 광범위한 형성의 예는 그림 2.8에 나와 있다. CO_2 수소화 공정의 탄소 침적에 관련된 가장 열역학적으로 가능한 반응은 식 (2.8)의 CH_4 균열 반응, 식 (2.9)의 Boudouard 반응, 그리고 식 (2.10)의 CO 환원(역 가스화)반응이다.

$$CH_4 \Leftrightarrow C + 2H_2 \qquad \Delta H^o_{298K} = +74.8\, kJ/mol \qquad (2.8)$$

$$2CO \Leftrightarrow C + CO_2 \qquad \Delta H^o_{298K} = -173.3\, kJ/mol \qquad (2.9)$$

$$CO + H_2 \Leftrightarrow C + H_2O \qquad \Delta H^o_{298K} = -131.3\, kJ/mol \qquad (2.10)$$

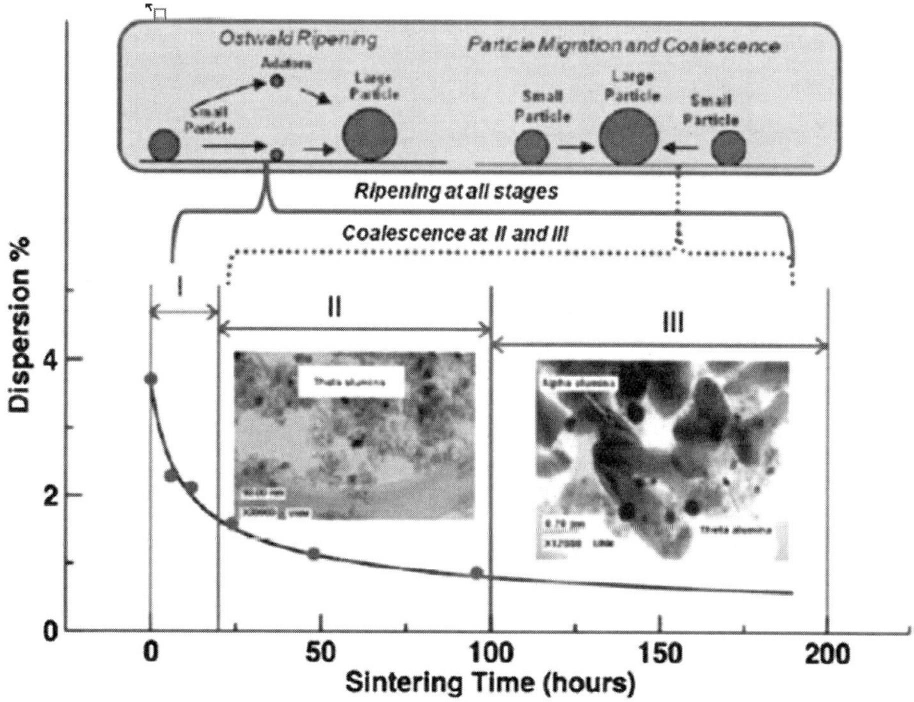

그림 2.7. Ostwald 성장 및 표면 확산과 융합을 통한 촉매 나노 입자의 소결[15].

CH_4 파괴에 의한 탄소 퇴적은 이 반응이 흡열반응이기 때문에 상대적으로 높은 온도에서 우세하다. 반면에, Boudouard 반응과 역 가스화로 인한 탄소 형성은 반응은 매우 발열적이기 때문에 주로 비교적 낮은 온도에서 일어날

것이다. Boudouard 반응과 역 가스화 반응은, 식 (2.9) 및 (2.10)에서 CO를 탄소의 공급원으로 요구한다. 따라서 700K 이상의 온도에서 CO 부분압력은 CH_4 파괴에 의해 주로 발생할 것으로 예상된다. 중요한 것은 이 세 가지 반응은 모두 가역적이라는 것이다.

식 (2.8)의 H_2 유도 가스화, 역 반응은 일반적으로 발열 이산화탄소 수소화 반응에 대해 유리한 비교적 낮은 온도에서 탄소 제거를 위한 주요 과정일 것으로 예상된다. CO_2는 반응 물질이고 H_2O는 CO_2의 생성물이기 때문에 H_2O와 CO_2에 의한 탄소 가스화 반응(식 (2.9) 및 (2.10))의 역 반응도 잠재적으로 발생할 수 있다. 그러나 이러한 기체화 반응은 H_2에 의한 경미한 발열 탄소 가스화와 비교하여 매우 높은 발열이며, 특히 H_2가 과도하게 공급되는 경우 더 낮은 온도에서 의미 있는 기여를 할 것으로 예상되지 않는다.

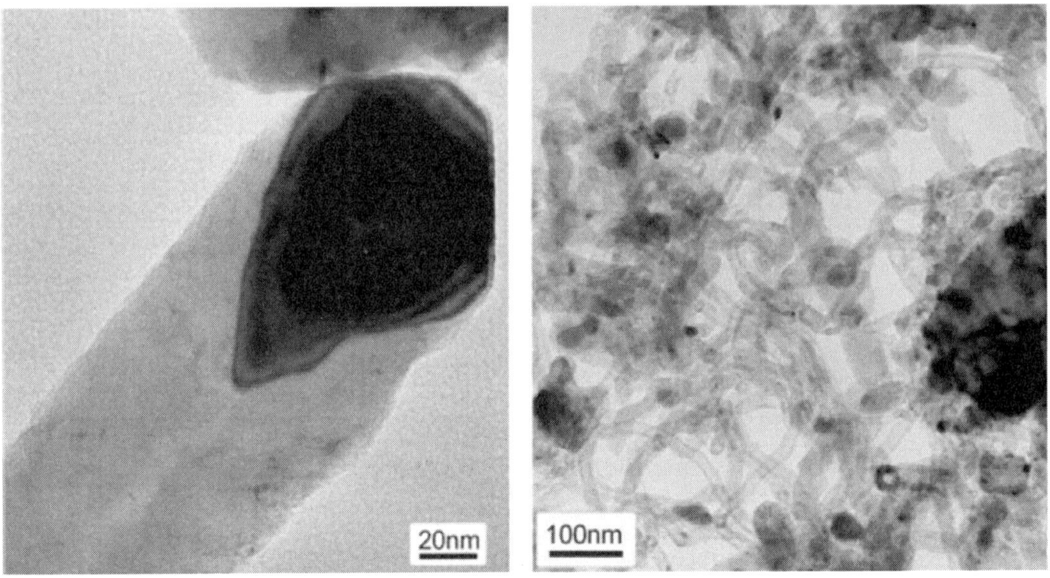

그림 2.8. Ni/MgO 촉매에 대한 메탄 건조 개질 중 수염모양 탄소(위스키 탄소)의 광범위한 형성을 보여주는 TEM 사진[10].

2.4. 반응기 및 시스템 설계

고활성, 선택적 및 안정적 촉매의 개발과 더불어 반응기 설계는 공정 개발의 또 다른 중요한 측면이다. 메탄올 합성은 분명히 반응기 설계를 위한 확립된 해결책을 가진 잘 개발된 산업 규모의 기술이다. 그러나 산업 메탄올 합성은 CO와 H_2의 혼합물인 합성가스를 원료로 사용한다. 원료로써 H_2와 혼합된 CO_2를 사용하려면 약간의 미세 조정이 필요하다. 전체 과정이 여전히 발열적 일지라도 직접 CO_2 전환을 위해 메탄올 합성 반응기를 재설계할 때 반응열에 있어서 차이를 적설하게 다루어야 한다.

메탄화 반응기(Methanation Reactors) 설계에서는 상당한 진전이 이루어졌다. 그러나 이러한 시스템은 CO 또는 CO_2의 혼합을 합성 천연가스(Synthetic Natural Gas(SNG))로 전환하도록 설계 되었다[16]. 역사적으로 메탄화 시스템은 석탄이나 바이오매스 가스화에 의해 생성된 합성 가스의 변환을 위해 설계되었지만, 농축 CO_2 흐름망 또한 최근 메탄화 반응을 위한 공급 원료로 간주 되었다. 반응기 설계의 관점에서, 고정층(충전층라고도 함) 또는 유동층이 그러한 시스템에 일반적으로 사용되었다.

식 (2.3)의 사바티어 반응, 식 (2.4)의 직접 메탄올 합성 등과 같은 CO_2 수소화 과정에서 높은 발열 특성으로 인해 반응기를 고온 지점 형성(hot spot formation)을 단열적으로 작동시키는 것은 거의 불가능하다. 고온 지점 위치에서 생성된 매우 높은 온도는 소결, 코킹 및 심지어 기계적 분해에 의해 급속 촉매 비활성화로 이어진다.

이러한 단점을 해결하기 위한 일차적 접근법은 중간 냉각 및 가스 재순환을 갖춘 단열 반응기를 사용하는 것이었다. 내부 냉각 및 가스 재순환 기능을 갖춘 3-4의 충전층 반응기를 포함하는 다단계 메탄올 시스템은 Haldor Topsøe, 그림 2.9[3]에 의해 개발되었다. 상업적으로 이용 가능한 Topsøe Recycle Energy-Effective Methanation(TREMP) 시스템에서는 첫 번째 메탄올 반응기의 온도 제어를 위해 가스 재순환을 사용하여 반응기 온도를 700° C 이하로 유지한다.

첫 번째 반응기에서 나오는 유출된 가스는 열교환기에 의해 냉각되고 메탄 생성을 극대화하기 위해 후속 메탄화 단계로 공급된다. 정확한 공정 구성과 반응기 수는 특정 용도에 따라 달라진다. 중간 냉각을 포함한 다중 충전층 반응기에 기초한 많은 다른 중합 시스템이 제안되었다. 그러나 이 개념의 광범위한 상업화는 달성되지 않았는데, 주로 다중 반응기, 순환용 압축기 및 열교환기 사용과 관련된 높은 투자와 운영비용 때문이다.

다른 대안적 접근법은 복수 단열 반응기 대신에 단일 통과, 능동적으로 냉각된 반응기를 사용하는 것이다. 이런 발상은 핫스폿 형성(Hot Spot Formation)을 방지하고 거의 균일한 온도 분포를 달성할 수 있도록 열 제거를 최적화하는 것이다. 이러한 형태의 거의 등온 반응기 조건을 달성하기 위한 몇 가지 대안적인 반응기 설계가 제안되었다. 여기에는 촉매층에 내장된 냉각관 뭉치(Cooling Tube Bundles)들이 있는 열 교환기 형식의 충전층 반응기, 구조화된 마이크로 채널 반응기(Structured Microchannel Reactor) 및 벌집식 설계(Honeycomb Design)가 포함된다[3]. 등온 운전은 반응기의 수와 시스템 복잡성을 줄임으로써 공정 제어를 상당히 단순화하지만 반응기 자체는 훨씬 더 비싸진다. 금속 마이크로 채널이나 세라믹 허니콤 구조에 복잡한 촉매 침착, 특히 비활성화된 촉매를 교체하는 어려움 때문에 구조화된 반응기의 경우 특히 그렇다. 또한 핫스팟 형성을 방지하기 위한 열 제거 최적화도 어려운 작업이다.

또 다른 방법은 유동층을 사용하는 것이다. 유동층 반응기는 훌륭한 운송 특성 때문에 거의 등온 반응기로 널리 받아들여지고 있으며, 단일 패스 반응기의 사용과 비교적 단순한 제어 공정으로 허용되고 있다(그림 2.10[16]). 그러나 촉매 감소는 유동층의 구현을 향한 주요 장애물 중 하나로 남아 있다. 또 다른 단점은 유동층 반응기는 유동화 속도에 의해 통제되는 좁은 범위의 운전 조건에서만 작동될 수 있으며, 반응기 처리량을 제한한다는 것이다. 또 다른 개념은 그림 2.11[17]에 도시된 슬러리 반응기와 같은 3상 메탄화 반응기이다. 그러한 반응기는 열전달 특성이 우수하여 등온 작동을 허용하지만 용제/열전달 유체 특성에 의해 통제되는 좁은 작동 창구로 제한된다. 기타 주요 단점은 가스 대 액체 질량 전달 저항과 유체 분해 및 증발이다.

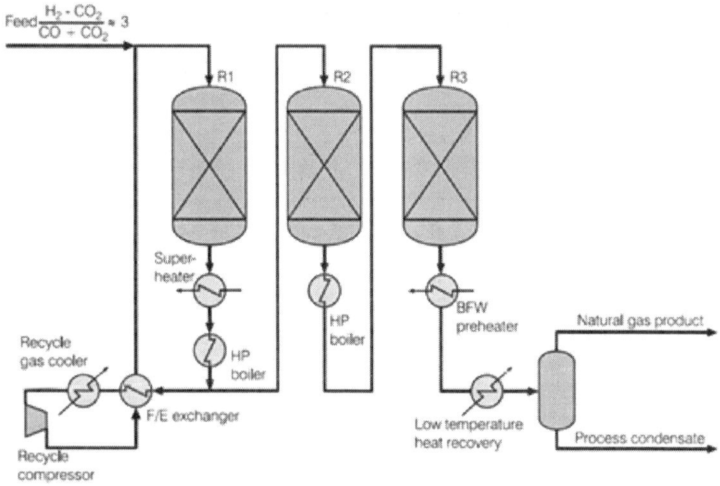

그림 2.9. 중간 냉각 및 가스 재순환(TREMPTM)이 있는 여러 개의 포장된 반응기에 기초한 계량 시스템(TREMPTM)[3].

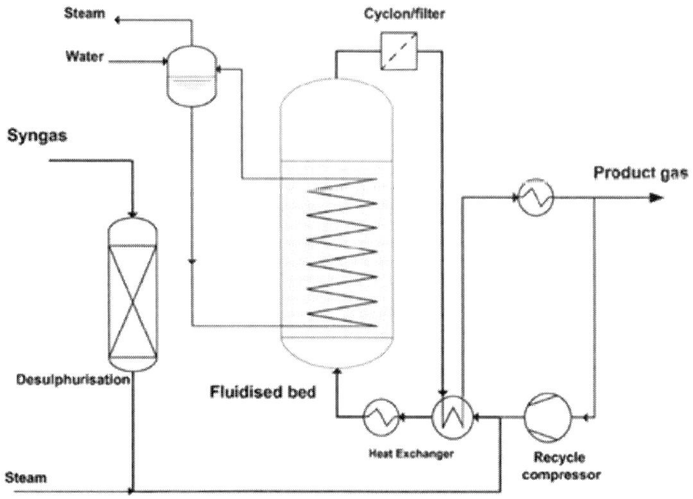

그림 2.10. 단일 유동층 반응기에 기초한 메탄화 시스템의 흐름도[16].

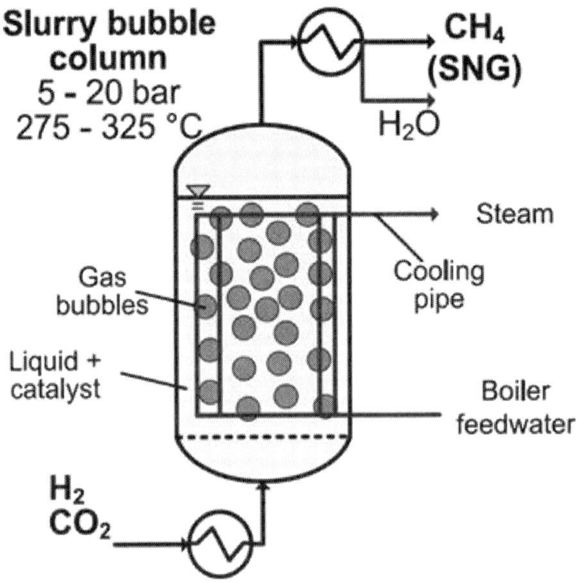

그림 2.11. 3상 CO_2 메탄화 반응기[17].

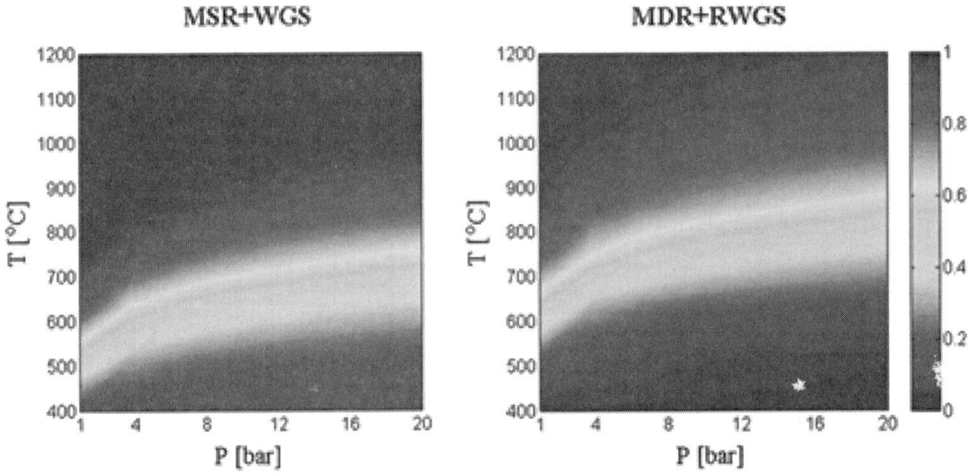

- MSR의 경우 반응물 수증기/탄소=3 사용됨 -

그림 2.12. 온도와 압력의 매개변수 영역에 표시된 MSR과 WGS(좌측) 및 MDR과 RWGS(우측) 프로세스의 평형 CH_4 변환[1].

2.5 메탄 건식 개질(Methane dry reforming(MDR))

$$CO_2 + CH_4 \Leftrightarrow 2CO + 2H_2 \qquad \Delta H^o_{298K} = +247.3\,kJ/mol \tag{2.1}$$

$$CH_4 + H_2O \Leftrightarrow CO + 3H_2 \qquad \Delta H^o_{298K} = +206.1\,kJ/mol \tag{2.5}$$

메탄 건식 개질(MDR)은 매우 잘 알려진 반응이지만, 주로 촉매 비활성화 및 효율적인 열 공급과 관련된 많은 문제가 있다. MDR은 206 kJ/mol과 비교했을 때 247 kJ/mol의 메탄 수증기 개질(MSR)보다 훨씬 더 흡열반응이다.

산업 개질에서 단위 열은 일반적으로 공급되는 천연가스의 일정 부분을 연소함으로써 공급된다. MDR 반응은 몰의 수를 증가시키므로 높은 CO_2 변환은 저압에서 열역학적으로 선호한다. 반면 대규모 설비에는 높은 압력이 필요하며 산업 개질기는 일반적으로 3-25 bar로 운영된다. 따라서 CO_2 변환이 합리적으로 이루어지도록 온도를 가능한 높게 유지해야 한다. 그림 2.13[1]에서 나타낸 것과 같이, 열역학적 분석을 통해 CO_2 변환이 적당히 높은 압력에서도 80% 이상 이루어지려면 1200K 이상의 온도가 필요하다는 것을 알 수 있다.

이렇게 매우 높은 온도에서, 코킹에 의한 촉매 비활성화는 큰 문제가 된다. MDR의 조건에서 탄소 침적은 메탄 크래킹, Boudouard 반응 및 역 가스화, 식 (2.8) ~ (2.10)와 같은 여러 반응 경로에 의해 촉매 표면에서 발생할 수 있다. 탄소는 촉매 표면을 캡슐화하거나 금속 촉매 단계로 확산되어 백열탄소(수염결정(whiskers)라고 함)를 형성하는 등 다양한 형태로 축적될 수 있다. 탄소 수염 결정의 성장은 결국 촉매 펠렛이 더 미세한 입자로 기계적으로 분해되어 개질기를 따라 압력 강하를 급격하게 증가시킨다.

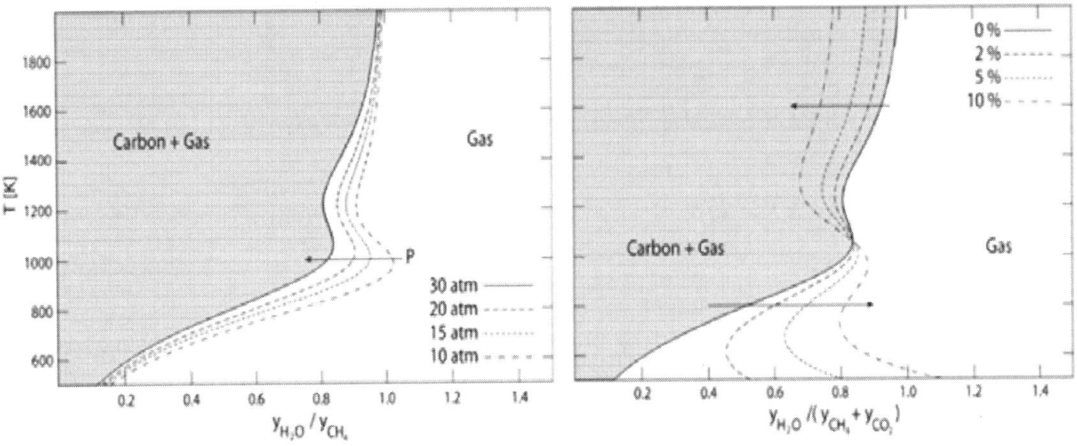

- 음영 영역은 30 atm의 탄소 생성 영역을 가리키며, 다른 압력(왼쪽)과 다른 $CO_2/(CO_2+CH_4)$ 비율(오른쪽)에 대한 한계 곡선도 보여 줌 -

그림 2.13. 증기-메탄 시스템(좌측)과 증기-메탄-탄소 시스템(우측)에 대한 탄소 생성 평형[1].

열역학적으로 말해서, 탄소 형성은 낮은 온도 및 높은 증기 대 탄소 비율에서는 덜 유리하다. 그림 2.13에서 탄소 형성을 위한 제한 조건의 열역학 분석은 온도 대 증기 대 탄소 비율 평면에 도시되어 있다[1]. 제한 곡선의 왼쪽에 음영 처리된 영역은 탄소 형성이 발생하는 조건을 나타낸다. 두 시스템(MSR 및 MDR)의 경우, 고온에서는 증기 대 탄소 비율이 1인 반면, 압력이 높을수록 탄소 생성 경계가 낮은 증기 대 탄소 비율로 약간 이동한다. 산업용 증기 개질기는 일반적으로 탄소 생성 경계선에서 멀리 떨어진 3에 가까운 증기 대 탄소 비율을 공급한다. 이러한 비율은 상용 니켈 기반 촉매들이 탄소 생성 시스템 외부에서 열역학적으로 작동하는 증기 대 탄소 비율에서도 코킹에 의해 빠르게 비활성화 할 수 있기 때문에 필요하다. 높은 증기 대 탄소 비율을 사용하면 효과적으로 코킹이 방지되지만 과도한 증기 가열 및 반응성 흐름 희석으로 인한 에너지 수요 증가로 인해 작동 효율성이 떨어지게 된다.

MSR에서 물은 산화제로 사용되므로 공급에서 과도한 증기는 공정 변환에 부정적인 영향을 주지 않고 코킹을 방지하는데 사용될 수 있다. 불행하게도,

이것은 CO_2가 산화제로 사용되는 MDR의 경우가 아니다. 공급된 CH_4에 상당한 양의 증기를 추가하면 MSR이 흡열성이 현저히 낮기 때문에 CO_2가 아닌 H_2O와 주로 반응할 것이다. 그 결과, MDR 반응의 특징인 H_2/CO비가 2인 MSR 반응에 일반적인 $H_2/CO=3$으로 이동될 것이다. Fischer-Tropsch 프로세스를 통해 탄화수소를 합성하기에는 이 비율이 너무 높다. Fischer-Tropsch 프로세스의 이상적인 비율은 실제 $H_2/CO=2$이며, MDR이 잠재적으로 제공할 수 있지만 코킹에 의해 심각한 비활성화 없이 1200K 이상의 온도를 견딜 수 있고 장기간 작동할 수 있는 촉매가 개발되어야 한다.

2.6. CO_2 수소화를 통한 메탄올 합성물

메탄올은 화학 산업의 중요한 공급 원료로, 주로 포름알데히드, 플라스틱, 페인트, 폭발물 등 다양한 제품 및 화학제품의 제조에 사용된다. 메탄올은 연료로 사용하거나 메탄올을 통해 휘발유(Methanol to Gasoline(MTG))로, 메탄올은 올레핀(Methanol to Olefins(MTO)) 공정으로 전환될 수도 있다. 비교적 저렴한 공급 원료로서 메탄올은 석유를 부분적으로 대체할 수 있으며, 석유 기반 원료들의 광범위한 사용과 관련된 오염을 방지할 수 있다. 현재 메탄올은 주로 합성 가스에서 생산되고 있다.

$$CO + 2H_2 \Leftrightarrow CH_3OH \qquad \Delta H^o_{298K} = -90.8\,kJ/mol \tag{2.11}$$

그 과정은 발열반응이므로 냉각이 필요하다. 일부 열은 복구하여 다른 프로세스에 사용할 수 있다. 메탄올 합성 반응은 발열반응이고, 가역적이며, 총 몰의 수를 감소시키기 때문에, 높은 메탄올 수율은 낮은 온도와 높은 압력에서 열역학적으로 선호한다. 산업용 설비에서 메탄올 합성은 일반적으로 473-573K에서 수행되며, 압력은 $Cu/ZnO/Al_2O_3$ 촉매에 대해 최대 50-100 bar이다. 합성가스(Syngas, CO와 H_2의 혼합물)는 메탄 증기 개질(MSR), 식 (2.5)을 통해 천연가스에서 생산된다. 메탄올 합성을 위해서는 식 (2.11)과 같이 H_2/CO 비율 2를 요한다. 그러나 MSR 반응인 식 (2.5)는 H_2/CO 비율이 3이다. 초과 수소는 보통 빼내어서 연소되어 다른 과정, 특히 MSR을 위한 열을 제공한다. 또 다른 방안은 이산화탄소를 메탄올 합성 반응기에 주입하는 것이며, 이산화탄소는 과량의 H_2와 반응하여 메탄올을 형성한다.

$$CO_2 + 2H_2 \Leftrightarrow CH_3OH + H_2O \qquad \triangle H^o_{298K} = -49.2\,kJ/mol \tag{2.4}$$

재생 가능한 경로(예: 광전기를 이용한 전기 분해)를 통해 생성된 H_2와 혼합하여 산업, 주거 및 농업 폐기물 흐름(연소 배연가스, 매립 가스, 바이오가스)에서 포집한 CO_2의 사용은 CO_2 배출량이 감소될 뿐만 아니라 가치 있는 화학 공급 원료(합성 메탄올)도 생산된다. 촉매, 반응기 설계, 공정 설계와 관련된 기존의 메탄올 합성과 많은 유사성이 있기 때문에 이 방향을 추구하는데 있어서 큰 기술적 이점이 있다. CO_2를 메탄올로 직접 수소화하는 것은 사실 발열성이 낮기 때문에 열 제거에 필요한 열량이 적습니다. 반면에 전체 공정을 재설계해야 한다.

새로운 촉매제 구성 또한 필요하다. 상용 $Cu/ZnO/Al_2O_3$에서 메탄올로의 직접 CO_2 수소화가 수행될 수 있지만, 원료로 합성가스 보다 성능이 훨씬 낮으며, 메탄올 생산에 상대적으로 낮은 선택성(50% 이하)을 나타내고 CO_2 전환도 15% 이하로 산업 응용을 위해서는 너무 낮다. 촉매 비활성화 또한 문제 되어, 새 촉매 구성물에 대한 지속적인 검색이 있어야 한다.

한 가지 방향은 지지체를 조절하거나 변경하여 기존 Cu/ZnO 촉매를 촉진하는 것이다(예: ZrO_2, SiO_2, TiO_2가 고려됨). 또 다른 방향은 전이 금속 탄화물과 같은 새로운 활성상 재료를 찾아내는 것이다(예: Mo_2C) [11, 18]. 반응기 설계와 관련하여, 약간의 수정이 있는 기존의 설계는 실행 가능한 해결책을 제공할 수 있으며, 이는 개념적으로 새로운 해결책이 아닌 전체 과정의 일부 재설계만을 필요로 할 것이다. 기존 메탄올 종합 반응기는 일반적으로 생성된 열을 제거하기 위한 열전달 액체로 사용되는 수증기를 가지고 열 교환기 재킷으로 둥근관 형식인 충전층이다.

2.7. 역 수성가스 전환 반응(RWGS(Reverse water Gas Shift))

RWGS(Reverse water Gas Shift) 반응을 통해 CO_2에서 CO로 열 촉매 환원은 CO_2의 활용을 위한 가장 유망한 프로세스 중 하나이다.

$$CO_2 + H_2 \Leftrightarrow CO + H_2O \qquad \triangle H^o_{298K} = +41.2\,kJ/mol \tag{2.2}$$

생산된 CO를 H_2와 혼합하여 화학 산업의 중요한 공급 원료인 합성가스를 생성할 수 있다. 경쟁 경로는 Sabatier 반응 및 CO 메탄화이다.

$$CO_2 + 4H_2 \Leftrightarrow CH_4 + 2H_2O \qquad \triangle H^o_{298K} = -164.9\,kJ/mol \tag{2.3}$$

$$CO + 3H_2 \Leftrightarrow CH_4 + H_2O \qquad \triangle H^o_{298K} = -206.1\,kJ/mol \tag{2.7}$$

RWGS 반응은 가역적이고 발열성이 있으므로 높은 온도에서 CO_2 변환이 선호한다. 그러나 온도가 상승하면 특히 촉매가 CO 형성에 매우 선택적이지 않은 경우 CH_4 형성(이 과정에 적합하지 않은)이 발생할 수 있다. 따라서 촉매 개발이 공정 개발에 매우 중요하다.

다행히도, RWGS는 가역 반응이기 때문에, 수성가스 전환(WGS) 반응에서 활성인 촉매도 역 반응(RWGS)에서 활성화가 된다. 따라서 상용 WGS 촉매인 Cu 기반 촉매도 RWGS에 대해 조사가 진행 중에 있다. RWGS 반응의 촉매 메커니즘은 여전히 논의되고 있다.

$$CO + H_2O \Leftrightarrow CO_2 + H_2 \qquad \triangle H^o_{298K} = -41.2\,kJ/mol \tag{2.6}$$

활성상과 지지체의 유형에 따라 발생하거나 발생하지 않을 수 있는 경로는 여러 가지가 있다(예: 그림 2.14 [19]). Cu에 기초한 촉매는 일반적으로 CO 형성에 대한 거의 완전한 선택성을 나타낸다. 단, 그러한 촉매는 상대적으로 낮은 온도에서만 작동할 수 있으며, 900K 이상의 온도에서 CO_2 변환이 50% 이상의 달성이 필요하다. 이러한 조건에서 Cu 기반 촉매는 Cu 나노입자의 소결(Sintering)에 의해 빠르게 비활성화 된다.

다른 불균형 촉매 시스템과 마찬가지로, 개선 촉매 성능 접근법에는 백금 그룹 금속(예: Pt, Ru, Rh), 활성상에 다른 금속들을 첨가하거나 새로운 활성상(예: 전이금속 탄화물)의 추구를 포함한다.

RWGS 반응은 H_2 생산을 위한 재생 가능한 기술을 이용할 수 있다면 CO_2의 대규모 이용에 대한 큰 잠재력을 가지고 있다. 2.5절에서 논의된 MDR 반응과 비교하여, RWGS는 온도가 낮아야하는데, 이는 단지 약간의 흡열성이 있기 때문이다. 아마도 가장 어려운 과제는 CO 형성에 매우 선택적이면서도 소결 및 코킹과 관련하여 안정적으로 고온에서 견딜 수 있는 촉매 구성제를 찾는 것이다. 높은 활성 촉매는 높은 생산 속도를 허용하기 때문에 촉매 활동은 또 다른 중요한 요구 사항이다.

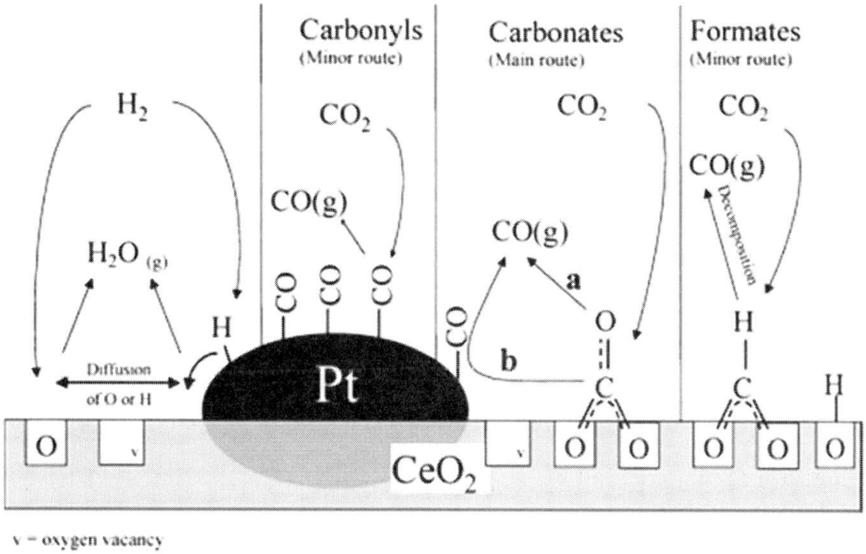

그림 2.14. Pt/CeO_2 표면에서 일어나는 RWGS 반응의 제안된 메커니즘 제안[19].

2.8. Sabatier 반응, 동력에서 가스로 및 재생 가능한 천연가스

전 지구적 CO_2 배출량의 증가는 CO_2를 합성 연료와 화학물질을 생산하기 위한 공급 원료로 활용하는 연구를 촉발시켰다. 현재의 산업적인 CO_2 사용은 우레아, 살리실산, 폴리카보네이트의 합성과 같은 과정으로 제한된다. 사바티어 반응(Sabatier reaction)이라고도 하는 메탄올을 통해 CO_2를 합성 CH_4로 변환하는 것은 최근 CO_2 이용에 기술적으로 유리한 경로로 관심을 끌었다. 역사적으로 메탄올 시스템은 합성 가스(CO와 H_2의 혼합물)의 변환을 위해 설계 되었지만, 최근에는 CO_2도 메탄올의 공급 원료로 간주되었다. 식 (2.3)과 같은 고열 사바티어 반응은 경미한 흡열 역 수증기 변환 반응과 식 (2.2)와 강한 발열성 이산화탄소 메탄화 반응뿐만 아니라 식 (2.7)을 동반한다.

$$CO_2 + H_2 \Leftrightarrow CO + H_2O \qquad \Delta H^o_{298K} = +41.2\,kJ/mol \qquad (2.2)$$

$$CO_2 + 4H_2 \Leftrightarrow CH_4 + 2H_2O \qquad \Delta H^o_{298K} = -164.9\,kJ/mol \qquad (2.3)$$

$$CO + 3H_2 \Leftrightarrow CH_4 + H_2O \qquad \Delta H^o_{298K} = -206.1\,kJ/mol \qquad (2.7)$$

총괄 공정은 CH_4 생산을 용이하게하기 위해 효율적인 열 제거를 요하는 발열반응이다. 이러한 열역학적 제약 이외에도, 반응기 과열은 또한 소결 및 코킹에 의한 신속한 촉매 비활성화로 이어질 수 있다. 열역학 및 촉매 비활성화 둘 다를 고려에서 운전 온도는 800K 이하로 유지되어야 한다. 따라서 열 제거가 주요 문제가 된다. 메탄화 반응기의 두 가지 기존 구성은 고정층과 유동층이다. 마이크로채널 반응기, 모노리스 반응기 및 3상 슬러리 반응기도 메탄화 반응을 수행하기 위한 설계 해결책으로 제안되고 있다. 반응기 설계 고려사항은 2.4절에서 논의되었다. 위에서 언급한 개념에 대한 포괄적인 개요는 문헌[3]에서 볼 수 있다.

간단히 말해서 고정층 반응기 설계의 경우, 일차적인 접근법은 중간 냉각 및 가스 재순환을 갖는 계단식 단열 반응기를 사용하는 것이다. 이러한 시스템은 공정 온도를 효율적으로 제어할 수 있지만, 다중 반응기, 재순환 압축기, 열 교환기 등의 사용으로 인해 시스템 복잡성과 높은 투자비용이 발생한다. 대안적 접근법은 능동적으로 냉각된 충전층 반응기를 단일 단계 프로세스로 사용할 수 있도록 하는 것이다. 과열 문제를 해결하기 위해 구조화된 마이크로 채널 및 모노리스 반응기를 잠재적으로 사용할 수 있다. 그러나 열전달 특성이 개선되고 이상적으로는 거의 발열이 없는 운전이 프로세스 제어를 상당히 단순화하는 반면, 반응기 자체는 더 비싸다. 유동층 반응기는 훌륭한 운송 특성 때문에 이상적인 등온 반응기로 널리 제안되고 있으며, 단일 반응기를 사용할 수 있고 공정 제어를 단순화 한다. 그러나 촉매 마모는 유동층의 구현에 있어 주요 장애물로 남아 있다. 또 다른 단점은 유동층 반응기는 반응기 처리량을 제한하는 유동화 속도에 의해 지시된 좁은 범위의 운전 조건에서만 작동될 수 있다는 것이다. 3상 메탄화 반응기는 등온 작동을 허용하며, 우수한 열전달 특성을 제공하지만 용제/열전달 유체 특성에 따라 지시되는 좁은 작동 창구로 제한된다. 기타 주요 단점은 가스 대 액체 질량 전달 저항과 유체 분해 및 증발이다.

능동적으로 냉각된 충전층 반응기 설계는 단일 패스 메탄화 프로세스를 위한 저비용 해결책을 잠재적으로 제공할 수 있다. 그러나 열 제거 최적화가 필요하다. 거의 등온 작동은 열전달 유체 유량이 매우 높을 때만 가능하다. 반면에 프로세스 최적화를 위해서는 냉각제 유량을 최소회해야 하며, 동시에 반응기 성능을 최대화해야 한다. 한 가지 해결책은 열 제거를 최적화하기 위해 용해된 염을 열전달 유체로 사용하는 것이다. 용해된 소금은 높은 운전 온도, 낮은 운전 압력, 높은 밀도 및 열용량, 그리고 불연성으로 인해 증기 및 광물 오일과 같은 기존 열 운반체보다 유리하다. 그러한 반응기를 구성하는 재생 가능한 천연가스(renewable natural gas(RNG)) 발전 시스템의 개념적 표현은 그림 2.15와 같다. CO_2가 풍부한 폐기물 흐름망(예: 바이오가스, 매립 가스 또는 연소 배연 가스)은 H_2S와 같은 부식성 불순물을 제거하기 위해 먼저 처리된다. 사바티어 반응(Sabatier reaction)을 하기 위해 필요한 수소는 물 전기분해로 재생 가능한 전기를 사용하여 생성할 수 있다. 용해된 소금에 의해 반응기에서 제거된 열은 원료를 예열하는 데 사용될 수 있으며, 전기 발생 및 주거 난방에도 사용할 수 있다.

사바티어 반응(Sabatier reaction) 공정의 잠재적 공급 원료로는 혐기성 소화기에서 유기물질이 분해된 결과로 매립가스, 즉 바이오가스가 있다. 유기성 폐기물은 자연적으로 혐기성 소화를 통해 CH_4(CO_2보다 훨씬 더 해로운 온실 가스)를 환경으로 배출하므로, 유기성 폐기물을 수집하고 향후 에너지 소비를 위해 통제된 방식으로 처리하는 것이 유용하다. 천연 매립 가스와 바이오 가스는 CO_2(25-50%)의 큰 부분을 차지한다.

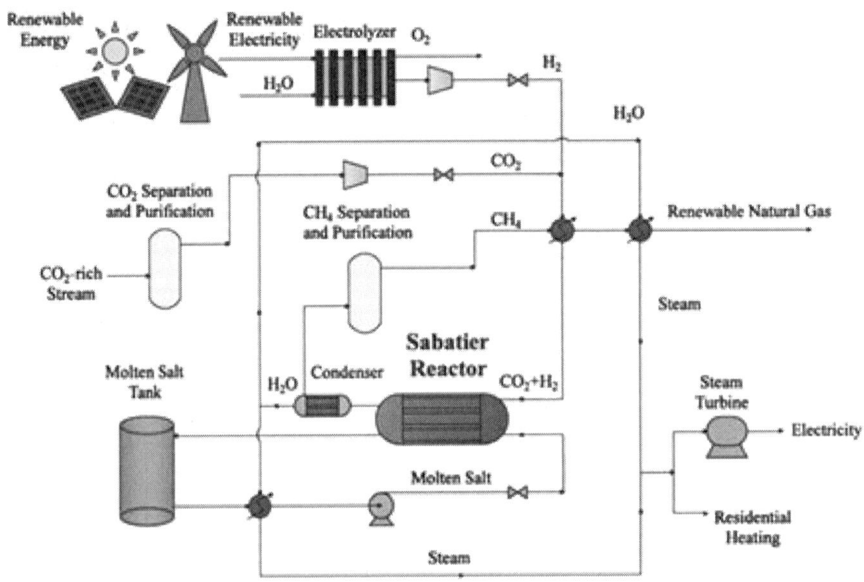

그림 2.15. 재생 가능한 천연가스 생성 시스템의 개념적 프로세스 흐름도.

사바티어 반응은 CO_2와 H_2의 혼합물을 CH_4와 물로 전환시킨다. 반응열은 용해된 소금 재순환 시스템에 의해 반응기에서 제거된다.

한 가지 접근법은 압력 변환, 흡착 또는 아민 흡수법을 통해 CO_2를 분리하여 원 가스를 처리하여 파이프라인 천연가스와 상호 교환 가능한 재생 가능한 천연가스를 생산하는 것이다. 이 접근법의 주된 단점은 높은 투자와 CO_2 분리에 필요한 운영비용이다. 또 다른 대안은 천연 매립 가스 또는 바이오가스를 직접 사용하여 전기를 생산하는 것이다. 그러한 과정의 예는 그림 2.16에 예시되어 있으며, 혐기성 소화 과정과 전기 발생을 포함한 농장 운영을 요약한 개념적인 흐름도를 보여주고 있다. 혐기성 소화기는 소 배설물을 처리하고 현장에서 전기를 생산하는 바이오가스를 생산하기 위해 운전된다. 혐기성 소화조는 연속적으로 운전할 수 있어 바이오가스를 생성하는 동안 고형 폐기물을 분해할 수 있다(일반적으로 60 mol% CH_4 및 40 mol% CO_2). 소화에 남은 고체 성분은 비료로 사용될 수 있다. 연소 엔진에 공급되기 전에 H_2S와 H_2O(예: 흡수 및 응축)를 제거하기 위한 전처리 공정이 필요하다. 이러한 시스템의 전기 발생 효율은 35-40%로 디젤 발전기와 같은 내연 엔진의 일반적인 수치이다. 상대적으로 낮은 효율 때문에 바이오가스의 에너지 함량은 대부분 열로 변환된다. 이 열은 냉각 재킷에서 부분적으로 회수할 수 있으며, 현장 가열에 사용할 수 있다. 하지만 대부분의 열은 주변으로 손실될 것이다. 이러한 낮은 품질의 열은 현장에서 가치가 없기 때문에 엔진 배기로부터 열 회수는 문제가 된다.

대안적인 접근법은 사바티어 반응을 통해 원래 바이오 가스에 존재하는 CO_2를 CH_4로 변환하는 것이다. 수소는 바람, 태양, 수력 전기와 같은 탄소 배출이 없는 재생 에너지원을 사용하여 물 전기분해 과정에서 발생할 수 있다. 바이오 가스 업그레이드를 위한 청정 에너지원의 사용은 전체적인 탄소 배출을 감소시킨다. 결과적으로 생성된 합성 천연가스는 궁극적으로 발전이나 CO_2를 방출하는 주거용으로 사용되지만, 에너지 함량의 상당 부분은 실제로 재생 가능하다. 어쨌든 이 배출된 탄소의 원천은 화석이 아니다. 생 바이오가스 자체가 재생 가능한 비화석 자원이기 때문이다.

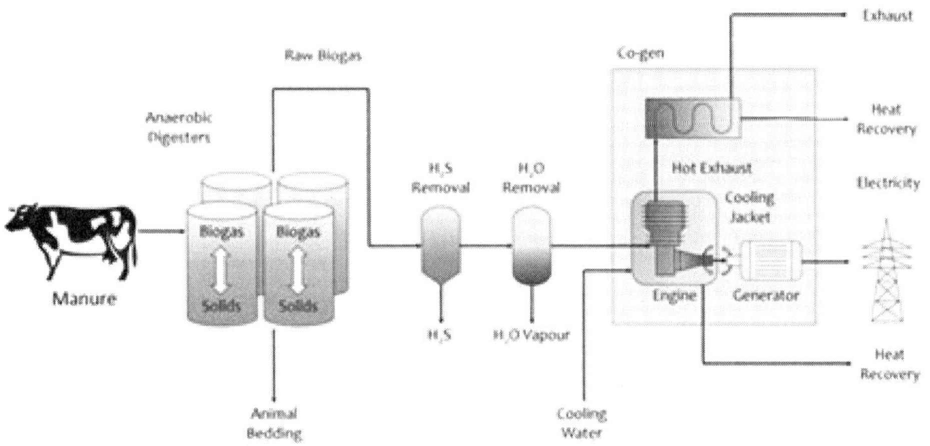

- 유기 폐기물에서 바이오 가스는 전기를 생산하기 위해 연소 됨 -

그림 2.16. 낙농장의 재생 가능한 전기 발생 시스템에 대한 개략적 설명.

잠재적으로 재생 가능한 천연가스 공급망은 기존의 천연가스 공급 시스템을 강화하는 동시에 온실가스가 풍부한 포획된 원료 공급원을 소비할 수 있으며, 잉여 에너지 저장 및 재분배를 위한 전력에서 가스 인프라의 일부로 활용될 수 있다. RNG 생성 시스템의 개념적 흐름도는 그림 2.17에 나타나 있다(그림 2.16과 비교).

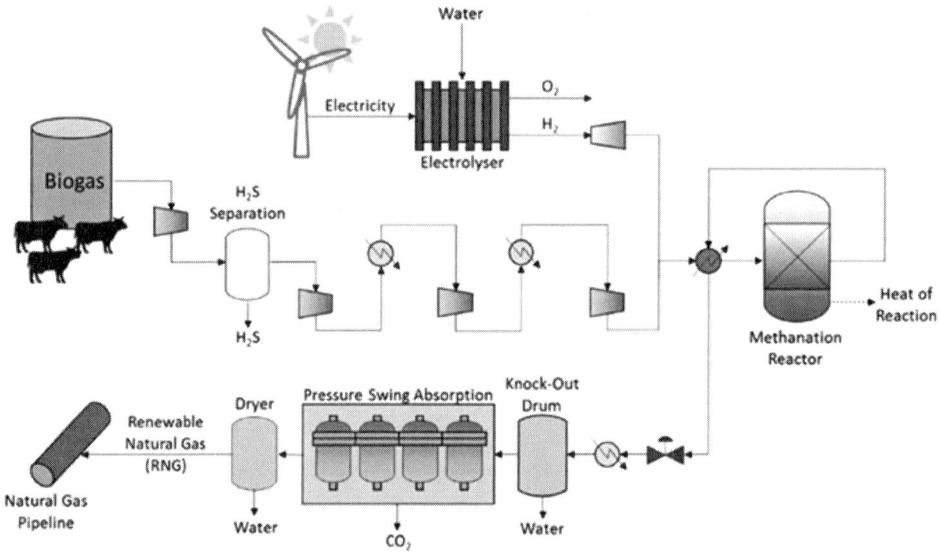

- 바이오 가스는 유기 폐기물에서 생산되고 파이프 라인으로 주입되는 재생 가능한 천연가스로 업그레이드 됨 -

그림 2.17. 유제품 농장에서 재생 가능한 천연가스 발생 시스템의 개념적 표현.

재생 가능한 천연가스(RNG)는 잠재적으로 미래의 에너지 수요를 충족시키는 동시에 온실가스 배출의 지속 가능성과 감소를 제공하는 효과적인 방안을 제공할 수 있다. 화석 천연가스는 보다 지속 가능한 에너지원으로 전환하는 동안 에너지 믹스의 일부로 분명히 남을 것이다. 전환 기간 동안, RNG는 전체 분배 시스템에서 자연 가스의 재생 가능 함량을 증가시키는데 사용될 수 있다. 생성된 RNG는 저장 및 운반 용량을 제공하는 기존의 천연가스 인프라에 주입될 수 있다. 미래에는 재생 가능한 천연가스는 CH_4의 화학 에너지 형태로 여분의 전기를 저장하는 한편, 재생 가능한 합성 연료를 생성하기 위한 공급 원료로서 CO_2를 활용하면서 에너지 시스템과 가스 인프라의 통합된 부분이 될 수 있다.

2.9. 미래 전망

CO_2 배출량을 줄여야 한다는 필요성에 따른 상당한 연구 노력에도 불구하고 CO_2의 화학적 고정 기술은 여전히 개발 중에 있다. CO_2의 열 촉매 수소화와 관련하여 열 관리와 촉매 성능의 주요 문제는 이 기술을 상업적으로 실제로 사용할 수 있도록하기 위해 해결되어야 한다. 한 가지 가능한 방향은 발열 반응과 흡열 반응을 결합하고 반응 및 분리 단계를 고효율 촉매 유닛에 통합하는 다기능 반응기의 사용이다. 그러한 반응기들의 설계는 도전적이지만 그러한 장치들이 CO_2로부터 합성 연료를 만들기 위한 콤팩트하고 경제적인 해결책을 제공할 수 있기 때문에 가능성은 크다.

열 촉매 CO_2와 관련된 기술적 난제를 해결하기 위해 추가적인 연구는 촉매의 해석에 새로운 물질의 사용, 우수한 능력과 안정성의 촉매 형태(예: 서브 - 나노 클러스터 및 코어 - 쉘 나노 입자)를 생성하는 나노 구조 그리고 통합된 반응기 설계 등 혁신적인 접근방식에 의존해야 한다. 우수한 촉매 성능을 가진 재료는 열 촉매 공정에 일반적으로 사용되지 않는 재료(전이금속 탄화물 등)에서 찾아 새로운 촉매 물질들을 생성할 수 있다(예: 지원되는 다금속 합금 또는 혼합 카바이드). 촉매 특성이 우수한 재료에 대한 검색은 범밀도 함수 이론(density functional theory(DFT))을 통해 안내될 수 있다[7-12].

기존의 접근방식에서 촉매 개발은 종종 촉매 표면과 대규모 반응기 설계에서 원자간 상호작용을 이해하는 것에서 분리된다. 기존의 방법론은 (1)촉매 구성물 선택(대개 경험적 데이터에 기초함), (2)제어된 조건 하에서 소량의 촉매를 시험하여 선정된 촉매의 범위에 걸친 추적 및 (3)보다 현실적인 조건에서 파일럿 플랜트 반응기에서 확인된 최상의 촉매 시험에 의존한다. 그러한 접근방식은 촉매 반응 메커니즘의 근본적인 이해를 제공하지 않으며 촉매 반응기에서의 반응과 이동현상의 결합을 명시적으로 설명하지 않는다. 결과적으로, 평가 실험의 특정 조건에서 소량의 양을 사용하는 동안 활성상태이고, 안정적일 수 있는 촉매는 다른 조건에서 낮은 성능을 가질 수 있다. 또한 촉매 설계에서 전체 반응기의 규모에서의 반응과 이동 제한은 촉매 설계에서 고려되지 않았기 때문에 촉매는 촉매 반응기에서 테스트할 때 적합하지 않은 것으로 나타날 수 있다.

CO_2를 합성 연료로 전환하기 위한 새로운 촉매 시스템을 개발하기 위해서는 다 규모 통합 접근방식이 적용 되어 질 수 있다. 이러한 멀티 스케일 접근법은 원자 규모에서 새로운 후보 물질의 촉매 성질을 이해하고(반응 속도론을 유도하기 위해), 반응 속도론을 마이크로 스케일 수준의 반응 수송 현상에 연결하고, 제안된 반응 동역학을 검증하고 수정하는 것에 의존 할 수 있다. 얻어진 지식을 거시적 규모의 반응기 설계에 통합시키는 것이다. CO_2의 열 촉매 수소화 분야에서의 최신 기술은 신생 물질 및 나노 구조화를 기반으로 한 새로운 촉매 개발, 최적화된 열관리를 통한 고효율 반응기 설계 및 촉매 표면에서의 CO_2 활성화 대한 기초 지식 습득을 통해 더욱 발전 될 수 있다.

CO_2의 열 촉매 화학적인 고정의 진보는 불균형 촉매 분석 및 반응 공학 분야에서 매우 중요하며, 중요한 실용적인 측면도 있다. 예를 들어, 폐기물 CO_2 누출 공급망과 재생 가능한 H_2로부터 합성 천연가스를 생성하는 프로세스는 보다 효율적인 재생 에너지 저장 및 그리드 부하 분산을 가능하게 하는 동력 대 가스 기술의 기초가 될 수 있다. 전기 그리드(electrical grid)는 역사적으로 풍력이나 태양과 같은 일시적인 재생 에너지원에 잘 맞지 않는 방식으로 설계되었다. 에너지 분배 인프라에 재생 가능한 천연가스(RNG)를 도입하면 이러한 단점을 해결하는데 도움이 될 수 있다.

재생 가능한 에너지는 풍부하지만 효율적인 이용은 공급과 수요의 불일치로 이어지는 일시적인 특성으로 인해 도전적이다. 전력 공급의 변동은 재생 가능한 합성 연료의 화학 에너지 형태로 비 피크 전기를 저장함으로써 보상될 수 있다. H_2 생성은 열 촉매 CO_2 수소화에는 필요하지만, H_2는 재생 에너지원을 이용한 물 전기분해로 생산될 수 있다. 연료로서 H_2는 저장 및 운송과 관련된 어려움으로 인해 좋은 선택이 아니다. 특히 H_2가 분산 방식으로 생성되면 재생 에너지원으로의 특성 때문이다. 따라서 H_2와 CO_2를 재생 가능한 합성 연료로 변환하는 것은 재생 가능한 합성 메탄과 메탄올과 같은 저장과 운송에 더 적합한, 매력적인 방법이 될 수 있다. 그러나 H_2 발생 비용은 재생 가능한 합성 연료의 생산 비용에 가장 큰 기여를 할 것으로 예상된다. 따라서 재생 가능한 H_2의 생산 비용을 줄이면 CO_2에서 생산된 재생 가능한 합성 연료가 시장에 광범위하게 도입될 수 있다.

CO_2에서 합성 재생 연료를 생산하고 기존 에너지 분배 인프라 및 화학 산업에 도입하면 온실 가스 배출량이 감소하고 폐기물에서 연료로 체인의 설립이 허용될 것이다. 또한 CO_2를 고정할 수 있는 기술은 기본적으로 에너지 집약적 CO_2 제거 및 저장의 필요성을 제거할 수 있다. 화석 발전소의 배연 가스, 석유 가스, 유류 가스, 가스 발효, 매립 가스, 바이오가스 등을 포함한 많은 CO_2 공급원이 있다. 현재 이산화탄소의 대부분은 대기로 방출되고 있다. CO_2 고정 기술의 성공적인 구현은 또한 새로운 일자리 창출과 경제를 위한 잠재적으로 큰 새로운 수입원으로 이어질 것이다.

Reference

1. Simakov DSA, Wright MM, Ahmed S, Mokheimer EMA, Román-Leshkov Y(2015), Solar thermal catalytic reforming of natural gas: a review on chemistry, catalysis and system design. Catal Sci Technol 5:1991–2016.
2. Porosoff MD, Yan B, Chen JG(2016), Catalytic reduction of CO_2 by H_2 for synthesis of CO, methanol and hydrocarbons: challenges and opportunities. Energy Environ Sci 9:62–73.
3. Rönsch S, Schneider J, Matthischke S, Schlüter M, Götz M, Lefebvre J, Prabhakaran P, Bajohr S(2016), Review on methanation–From fundamentals to current projects. Fuel 166:276–296.
4. Wolf A, Jess A, Kern C(2016), Syngas production via reverse water-gas shift reaction over a Ni-Al_2O_3 catalyst: Catalyst stability, reaction kinetics, and modeling. Chem Eng Technol 39:1040–1048.
5. Gao J, Wang Y, Ping Y, Hu D, Xu G, Gu F, Su F(2012), A thermodynamic analysis of methanation reactions of carbon oxides for the production of synthetic natural gas. RSC Adv 2:2358–2368.
6. Simakov DSA, Luo HY, Román-Leshkov Y(2015), Ultra-low loading Ru/c-Al_2O_3: a highly active and stable catalyst for low temperature solar thermal reforming of methane. Appl Catal B: Environ 168–169:540–549.
7. Rosal Id, Mercy M, Gerber IC, Poteau R(2013), Ligand-field theory-based analysis of the adsorption properties of ruthenium nano particles. ACS Nano 7:9823–9835.
8. Karim AM, Prasad V, Mpourmpakis G, Lonergan WW, Frenkel AI, Chen JG, Vlachos DG(2009), Correlating particle size and shape of supported Ru/c-Al_2O_3 catalysts with NH_3 decompositionactivity. J. AmChem. Soc. 131:12230–12239.
9. Gavnholt J, Schiøtz J(2008), Structure and reactivity of ruthenium nano particles. Phys Rev B 77:035404.

10. Jones G, Jakobsen JG, Shim SS, Kleis J, Andersson MP, Rossmeisl J, Abild-Pedersen F, Bligaard T, Helveg S, Hinnemann B, Rostrup-Nielsen JR, Chorkendorff I, Sehested J, Nørskov JK (2008) First principles calculations and experimental insight into methane steam reforming over transition metal catalysts. J Catal 259:147–160.

11. Posada-Pérez S, Ramírez PJ, Gutiérrez RA, Stacchiola DJ, Viñes F, Liu P, Illas F, Rodriguez JA(2016), The conversion of CO_2 to methanol on orthorhombic b-Mo_2C and Cu/b-Mo_2C catalysts: mechanism for admetal induced change in the selectivity and activity. Catal Sci Technol 6:6766–6777.

12. Vidal AB, Feria L, Evans J, Takahashi Y, Liu P, Nakamura K, Illas F, Rodriguez JA(2012), CO_2 activation and methanol synthesis on novel Au/TiC and Cu/TiC catalysts. J. Phys. Chem. Lett. 3:2275–2280.

13. Andersson MP, Abild-Pedersen F, Remediakis IN, Bligaard T, Jones G, Engbæk J, Lytken O, Horch S, Nielsen JH, Sehested J, Rostrup-Nielsen JR, Nørskov JK, Chorkendorff I(2008), Structure sensitivity of the methanation reaction: H_2-induced CO dissociation on nickel surfaces. J. Catal. 225:6–19.

14. Struis RPWJ, Schildhauer TJ, Czekaj I, Janousch M, Biollaz SMA, Ludwig C(2009), Sulphur poisoning of Ni catalysts in the SNG production from biomass: a TPO/XPS/XAS study. Appl. Catal. A: Gen 362:121–128.

15. Hansen TW, DeLaRiva AT, Challa SR, Datye AK(2013), Sintering of catalytic nanoparticles: Particle migration or Ostwald ripening Acc. Chem. Res. 46:1720–1730.

16. Kopyscinski J, Schildhauer TJ, Biollaz SMA(2010), Production of synthetic natural gas (SNG) from coal and dry biomass–A technology review from 1950 to 2009. Fuel 89: 1763–1783.

17. Lefebvre J, Götz M, Bajohr S, Reimert R, Kolb T(2015), Improvement of three-phase methanation reactor performance for steady-state and transient operation. Fuel Process Technol. 132:83–90.

18. Xiang M, Li D, Li W, Zhong B, Sun Y(2006), Performances of mixed alcohols synthesis over potassium promoted molybdenum carbides. Fuel 85:2662–2665.

19. Daza YA, Kuhn JN(2016), CO_2 conversion by reverse water gas shift catalysis: comparison of catalysts, mechanisms and their consequences for CO_2 conversion to liquid fuels. RSC Adv. 6:49675–49691.

제 3 장 이산화탄소의 전기 촉매 환원

태양광 및 풍력 전기와 같은 재생 가능 에너지원은 CO_2가 관여하지 않아 시 온실 효과에 기여하지 않기 때문에 화석 에너지에 대한 매력적인 대안이다. 그러나 이러한 유형의 재생 가능 에너지는 일시적인 특성으로 인해 필요에 따라 사용할 수 없다. 따라서 에너지 저장이 필요하다. 전기 그리드(Electrical grids)는 특정 재생 가능 전기 공급을 확실히 흡수 할 수 있지만 한계가 있다. 전기 그리드는 전력 공급의 신뢰성을 보장하는 특정 기준선을 가져야 한다. 이 기준선 공급은 대개 화력 연료, 원자력 및 수력 발전소를 사용하여 쉽게 이루어지며, 이는 쉽게 꺼지지 않고 계속 작동 할 수 있어야 한다. 점점 더 많은 재생 가능 에너지원이 전력망에 연결됨에 따라 전력 공급 과잉의 문제가 결국 현실화 될 것이다.

한 가지 방안은 이 잉여 전기를 체적 에너지 밀도가 높고 쉽게 운반 할 수 있는 액체 연료(예 : 메탄올)로 저장하는 것이다. 전력에서 연료로 연쇄는 전기 분해 및 열 촉매 전환을 사용하거나 직접 전기 화학적인 환원를 통해 간접적으로 달성 할 수 있다. 첫 번째 접근법에서는 재생 가능 전기가 물을 수소(H_2)와 산소(O_2)로 전기 분해하여 귀중한 부산물로 사용한다. 생성 된 수소는 예를 들어 수성 가스 전환 반응(Water Gas Shift(WGS))을 통해 CO_2와 반응하여 합성 가스(CO와 H_2의 혼합물)를 생성하며, 이는 다양한 부가가치 생성물로 전환 될 수 있다. 이 경로는 2장에서 토론 되어졌다.

대안적인 경로는 H_2O 및 CO_2가 공급된 전기 화학 전지에서 물 전기 분해와 CO_2 수소화를 결합하여 포름산 및 메탄올과 같은 액체 화합물을 생성한다. 그러한 전환 기술은 대규모로 구현된다면 다른 방법으로 배출되는 이산화탄소를 사용 가능한 연료로 재활용하여 전 지구적 탄소 균형에 긍정적인 영향을 미칠 것이다. 전기 화학 반응기에서 CO_2를 CO로 환원시켜 합성 가스를 생성하는 것도 가능하다. 그러나 이 방법은 CO의 열 촉매 반응 감소가 전환, 처리량 및 소형화면에서 훨씬 더 효율적이기 때문에 덜 매력적이다.

현 시점에서 효율성을 높이고 생산 원가를 현저히 낮추는 광전지 장치 설계에 최근 극적인 개선이 이루어졌음을 강조해야 한다. 결과적으로 풍력 터빈과 함께 광전지가 상업적으로 이용 가능하고 중소 규모 발전 적용에 경제적으로 실행 가능하다. 한편, 메탄올 및 포름산과 같은 다른 액체 화학 물질로의 CO_2 감소를 위한 전기 화학 전지의 효율은 상대적으로 열악하다. 고효율 촉매의 개발과 높은 전류 밀도 작동을 달성하기 위한 전기 화학 전지 설계를 위한 첨단 기술 방안을 통해 개선이 이루어질 수 있다.

이산화탄소의 전기 화학적 환원에 대한 최초의 시연은 19세기로 거슬러 올라가며, 화석 연료의 가격이 급속히 상승함에 따라 20세기의 80년대 이후 이 주제는 많은 주목을 받았다. 그 이후 이 기술에 지속적으로 관심을 가지고 있는데, 이는 포름산(HCOOH) 및 메탄올(CH_3OH)과 같은 화학산업을 위한 중요한 공급 원료를 포함한 연료 및 화학 물질로 CO_2를 전환하기 위한 전략적 경로를 나타낸다.

지난 수십 년 동안 이산화탄소의 전기 화학적 환원에 대한 연구 노력이 급속도로 진행되었으며 잠재력은 엄청나다. 또한 이러한 도전은 훌륭하다. 우선, CO_2는 매우 안정한 분자로 활성화하기가 어렵다. CO_2 분자를 환원에 의해 유용한 상태로 활성화시키는 것은 중요한 에너지 투입뿐만 아니라 고도의 활성 촉매를 필요로 한다. 둘째, 전기 화학에 필요한 수용성 환경에서의 CO_2 용해도는 상대적으로 낮다. 이러한 한계는 화학 촉매, 전기 화학 및 전기 화학 전지 공학과 관련된 근본적인 과제를 제기한다.

아래에서 CO_2의 전기 화학적 환원에 대한 기본 개념을 먼저 설명하고 가장 근본적인 과제에 대해 설명한다. 토론은 이산화탄소 환원 촉매 및 전기 화학 전지 설계에 중점을 둔다. 메탄올 합성은 가장 유망한 응용 중 하나로서 보다 자세히 검토된다. 고체 산화물 연료 전지를 사용하는 합성가스 생산도 언급된다. 결론을 내릴 때 산업 응용을 위한 CO_2의 전기 화학적 환원 가능성에 대해 비판적으로 논의했다.

3.1. CO_2의 전기 화학 환원의 기초

이 절에서는 수용성 환경에서 CO_2의 전기 화학적 환원에 대한 기본 원리를 간략하게 논의한다. 더 상세한 정보를 원한다면 독자는 많은 우수한 리뷰를 참조 하면 된다[1-6]. CO_2의 전기 화학적인 환원에서, 전기는 용해된 CO_2를 함유하는 수용액을 함유하는 전기 화학 전지에 공급된다. 이산화탄소의 환원은 음극에서 발생하며 양극 교환 막을 통해 이산화탄소를 수소화하는데 필요한 양성자를 공급하는 양극에서의 전해 해리에 의해 규형을 이룬다. 이는 CO_2의 CO 환원의 경우에 대해 그림 3.1에 개략적으로 묘사되어 있다[7].

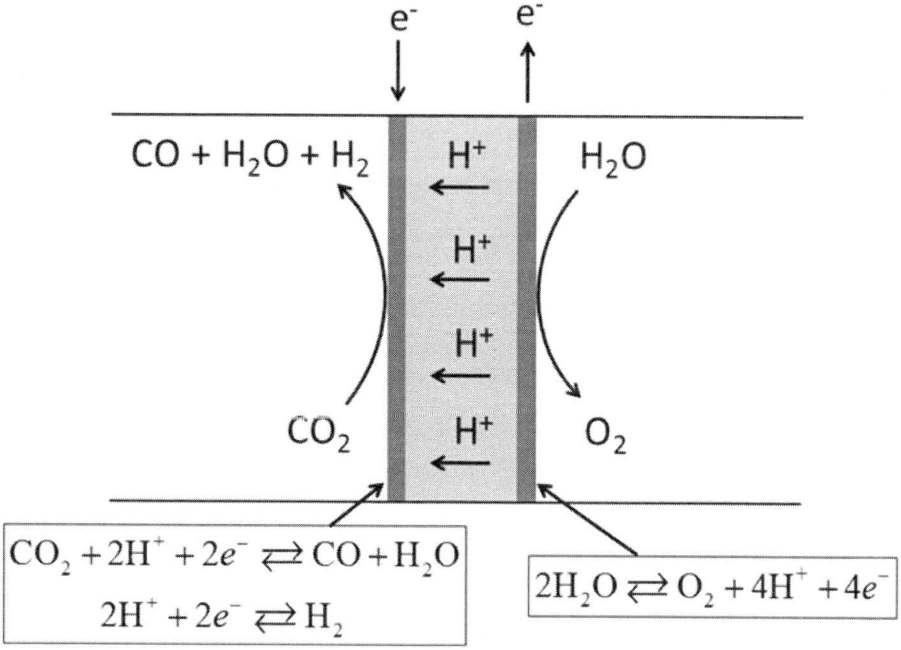

그림 3.1. 전해질로서 양이온 교환막(cation-exchange membrane(CEM))이 있는 전기 화학 전지.

이 설계는 양성자 교환막 연료 전지와 비슷하다. 메탄올(CH_3OH)로의 이산화탄소 전환의 또 다른 예를 살펴보면, 음극과 양극에서 각각 발생하는 환원과 산화가 다음 반응에 의해 설명되며, 전체 반응도 나타낼 수 있음을 알 수 있다(전위는 포화 칼로멜 전극에 대해 보여줌) [6]:

$$Cathode: CO_2(aq)+6H^+ +6e^- \rightarrow CH_3OH+H_2O \qquad E^0=-0.22\,V$$

$$Anode: 3H_2O \rightarrow 1.5\,O_2+6H^+ +6e^- \qquad E^0=+0.99\,V \qquad (3.1)$$

$$CO_2(aq)+2H_2O \rightarrow CH_3OH+1.5\,O_2 \qquad E^0=+1.21\,V$$

반응 속도를 가속시키기 위해 촉매는 전형적으로 전극 표면상에 침착된다. 전기 화학적으로 이산화탄소를 줄이기 위한 촉매 작용과 전기 화학적인 전지 설계에 관한 내용은 각각 3.3절 및 3.4절에서 토론 할 것이다.

우리는 전기 화학 전지 성능에 있어서 제한 요소인 음극면에 초점을 맞춘다. 전기 화학 셀에 이산화탄소를 지속적으로 공급하기 위해 용액을 통해 CO_2는 간단히 기포화 되어야 한다. 그러나 이산화탄소의 제한된 용해도는 중요한 문제로 제기되며, 이는 다음 절에서 상세히 논의되고 다루어 질 것이다. 일반적으로 이산화탄소의 전기 화학적 환원은 CO_2 수소화 경로에서 반응 중간체인 포름산 이온(HCO_2^-)의 형성을 촉진하기 때문에 중성 또는 약 알칼리성 용액에서 수행된다. CO로의 환원의 보다 많은 알칼리성 용액에서, 중탄산염과 탄산 이온의 형성이 촉진되어 환원 반응 경로에서 CO_2의 참여가 제한된다. 전해질의 pH를 낮추면 더 많은 CO_2/H_2CO_3를 용해시킬 수 있다. 그러나 산성 전해질은 포름산 이온의 형성을 방해하면서 H_2 발생 반응을 촉진시킨다. 이산화탄소의 전기 화학적 환원을 위한 전해질의 최적 pH에 관한 연구자들 사이에는 여전히 논쟁이 있다.

CO_2의 전기 화학적 환원은 열역학적으로 가능하지만, CO_2의 환원 가능성은 물 환원을 위한 가능성과 약간 다르다. 결과적으로 이산화탄소 환원과 보다 열역학적으로 유리한 H_2 발생 사이의 경쟁이 있다(잠재력은 표준 수소 전극 대 25° C 및 pH=14에서 표시됨).

$$CO_2(aq) + H_2O + 2e^- \rightarrow HCO_2^- + OH^- \qquad E^0 = -1.02\,V$$

$$2H_2O + 2e^- \rightarrow H_2 + 2OH^- \qquad E^0 = -0.83\,V \qquad (3.2)$$

따라서 전기 화학 전지에 공급되는 전기 에너지는 두 가지 경쟁적인 환원 메커니즘에 의해 소비 될 것이다. 물 전기 분해를 통한 H_2 생성 및 관심 있는 생성물, 예를 들어 메탄올 또는 포름산으로의 CO_2 환원이다. 따라서 원하는 생성물에 대한 높은 선택성(일반적으로 패러데이 효율(Faradaic efficiency)로 정의 됨)과 원하는 생성물의 높은 생산율은 전극 물질이 H_2 생성을 억제하여 대부분의 공급된 전기가 CO_2 환원 반응에서 소비되는 경우에만 달성 될 수 있다.

인듐(In), 주석(Sn) 및 (Pb)과 같은 특정 음극 재료는 속도론적으로 H_2 형성을 억제하는 것으로 알려져 있다. 이 메카니즘은 낮은 교환 전류 밀도를 초래하는 높은 수분 환원 과전압의 존재이다. 다른 한편으로 이들 물질은 CO_2의 환원을 위해 상대적으로 우수한 교환 밀도를 갖는 것으로 알려져 있다. 그러므로 H_2 형성이 CO_2의 전기 화학적 환원보다 열역학적으로 유리하더라도, CO_2 환원을 동등하게 억제하지 않으면서 물 환원을 역학적으로 제한하는 적절한 음극 물질을 제공하여 포름산 이온을 매우 효율적으로 생산할 수 있다.

물 환원에 더하여, CO_2의 전기 화학적 환원하는 동안 여러 가지 다른 경쟁 반응이 발생한다. 메탄올, 포름산 및 포름알데히드 형성을 비롯한 가능한 반응 경로는 해당 환원 전위와 함께 아래에 나열되어 있다(25° C 및 pH=7에서 정상 수소 전극 대비).

$$
\begin{aligned}
&CO_2 + 8H^+ + 8e^- \rightarrow CH_4 + 2H_2O && E^0 = -0.24\,V \\
&CO_2 + 6H^+ + 6e^- \rightarrow CH_3OH + H_2O && E^0 = -0.38\,V \\
&CO_2 + 4H^+ + 4e^- \rightarrow CH_2O + H_2O && E^0 = -0.48\,V \\
&CO_2 + 2H^+ + 2e^- \rightarrow CO + H_2O && E^0 = -0.53\,V \\
&CO_2 + 2H^+ + 2e^- \rightarrow CHOOH && E^0 = -0.61\,V \\
&CO_2 + e^- \rightarrow CO_2^- && E^0 = -1.90\,V
\end{aligned}
\qquad (3.3)
$$

관심 제품에 따라 위에서 열거한 반응 중 일부를 "기생 반응(parasitic reactions)" 이라고 한다. 이러한 바람직하지 않은 반응은 전기 화학 전지에 공급되는 전류를 소비하여 원하는 반응 경로에서 소비되는 전류의 양을 감소 시킨다. 이산화탄소의 단일 전자 감소는 액체 연료 및 화학 물질로의 CO_2 감소에 실제로 도움이 되는 양성자 결합된 다중 전자 경로보다 바람직하지 않음에 유의해야 한다. 식 (3.3)은 전반적인 반응이다. 각각은 몇 가지 기본 단계와 다양하고 가능한 반응 메커니즘을 가지고 있다. 예를 들어, 이산화탄소를 메탄올로 전기 화학적으로 변환 할 때 적어도 두 가지 가능한 반응 경로가 있다. 하나의 메커니즘은 반응 중간체로서 디옥시 메틸렌 이온($HOCO^-$)과 일산화탄소(CO)를 포함한다(식 (3.4)). 다른 메커니즘은 포름산 염(HCOO−)과 포름산(HCOOH)의 형성을 통해 진행된다(식(3.5)). 두 가지 메커니즘 모두 HCO종과 포름알데히드(CH_2O)의 형성을 포함한다[6].

$$CO_2(aq)+e^-+H^+ \rightarrow HOCO^-$$

$$HOCO^-+e^-+H^+ \rightarrow H_2O+CO$$

$$CO+e^-+H^+ \rightarrow HCO \tag{3.4}$$

$$HCO+e^-+H^+ \rightarrow CH_2O$$

$$CH_2O+2e^-+2H^+ \rightarrow CH_3OH$$

$$CO_2(aq)+e^-+H^+ \rightarrow HCOO^-$$

$$HCOO^-+e^-+H^+ \rightarrow HCOOH$$

$$HCOOH+e^-+H^+ \rightarrow HCO+H_2O \tag{3.5}$$

$$HCO+e^-+H^+ \rightarrow CH_2O$$

$$CH_2O+2e^-+2H^+ \rightarrow CH_3OH$$

3.2. 근본적인 도전

위에서 논의한 열역학적 고려 사항 외에도 속도론적 제한이 있다. 일반적으로 이산화탄소를 CO와 같은 소분자보다 포름산 및 메탄올과 같은 매우 바람직한 유기 화합물로 전환하는 것이 훨씬 더 도전적이다. 더 복잡한 분자를 형성하려면 다수의 양성자 결합 전자 전달이 필요하며, 이는 상당한 속도론적 장벽을 초래하며 그럼으로써 낮은 변환 효율성을 나타낸다. 바람직하지 않은 기생 반응을 촉진하지 않으면서 동시에 모든 중간체의 형성을 촉진시킬 수 있는 적합한 촉매를 찾는 것이 큰 도전이다. 이러한 촉매는 각각의 바람직한 반응 단계에 대해 낮은 속도론적 장벽(활성화 에너지)을 가져야만 한다. 하나의 방안은 다른 촉매를 사용하여 상이한 환원 단계를 수행 할 수 있지만, 단일 전기 화학 장치에서 CO_2를 액체 화합물로 직접 전환하는 것이 훨씬 바람직하다.

전기 화학적 이산화탄소 감소의 근본 과제 중 하나는 높은 음극 과전압(인가된 전극 전위와 열역학적 전위의 차이)이다. 과전압은 저항 과전압(ohmic overpotential), 활성화 과전압(activation overpotential) 및 농도 과전압(concentration overpotential)의 세 가지 구성 요소로 구성된다. 저항 손실은 전극 및 전해질 저항으로 인한 것이다. 활성화 과전압은 속도론 장벽, 즉 상당한 정도의 전극 반응을 유지하는데 필요한 에너지를 반영한다. 전극 표면은 반응 중간체의 흡착으로 인한 피독에 의해 불활성화 될 수 있다. 따라서 적절한 전극 재료를 선택하는 것이 중요하다. 농도 과전압은 반응물 및 생성물이 전극 표면을 향하여/전극 표면으로부터 확산됨으로써 야기되는 물질 전달 한계로 인해 발생한다. CO_2의 전기 화학적 환원은 비교적 낮은 온도의 수용성 매질에서 수행되기 때문에, 확산은 상대적으로 느리다. 전극에 대한 CO_2의 확산 속도가 전극 표면에서의 최대 소비 속도보다 현저히 느린 경우, 제한 전류에 도달한다. 따라서 전극 형태는 전기 화학 전지 성능에서 매우 중요한 요소가 된다. 실용적인 구현을 위해서는 양극 표면으로의 CO_2의 제한된 물질 전달 문제를 해결해야 한다.

다른 본질적인 제한은 물에서 CO_2의 낮은 용해도이다. 순수 CO_2에 노출된 물에서의 CO_2 용해도는 약 30 mmol/L(101 kPa 및 293K에서)이다. 그러나 전기 화학적 환원에 사용되는 수용성 전해질에서 높은 이온 강도(최대 10M)로 인해 CO_2 용해도가 낮다. 순수한 CO_2 흐름을 제공하려면 CO_2 함유 공급 원료의 사전 농축이 필요하다. 이는 압력 변환 흡착 또는 막 분리로 수행 할 수 있지만 투자비 및 운영비용이 높기 때문에 전체 생산 비용이 현저하게 증가한다. 상류의 예비 농축 없이 직접 희석된 CO_2 흐름을 사용하는 것이 바람직하다. 그러나 낮은 CO_2 함량(예를 들어, 화석 연료 연소 배연 가스에서 10-15 mol% CO_2)은 용해 된 CO_2의 농도를 낮추게 된다. 결과적으로 물에 대한 CO_2의 용해도가 낮고 수용성 CO_2의 농도가 낮아서 다음과 같은 방정식을 사용하여 쉽게 예측할 수 있는 한계 전류 밀도가 된다[2].

$$i_L = nFk_m C_b \tag{3.6}$$

이 방정식에서 n은 전자 화학 양론 계수(n=2), F는 패러데이 상수(96,485 kC/kmol), k_m는 물질 전달 계수(10−5 m/s), C_b는 CO_2의 벌크 농도(101 kPa 및 293K에서 순수 CO_2의 경우 0.03 kmol/m^3)이다. 간단한 계산은 한계 전류 밀도가 i_L=0.06 kA/m^{2}임을 보여준다. 희석 된 CO_2 함유 공급망의 경우, 이 제한 전류는 더 감소 될 것이다. 이러한 기하학적 전류 밀도(0.1 kA/m^2 미만)는 전기 화학 공정을 포함하는 전형적인 산업 분야에서 불충분하다고 간주된다. 경제성은 기술 효율을 높이기 위해 현재의 효율이 적어도 50%인 1kA/m^2 이상의 기하학적 전류 밀도가 필요하다고 규정한다[2]. 그 이유는 전극 면적(r, mol/(m^{2}s)) 당 전기 화학 반응의 속도가 패러데이의 법칙을 통한 전류 밀도에 직접 비례한다는 것이다(FE는 패러데이 효율, 전류 효율이라고도 함).

$$r = \frac{R}{A} = i\frac{FE}{nF} \tag{3.7}$$

A(총 전극 면적)에 대한 방정식을 풀면 생산 속도(R, mol/s) 및 전류 밀도(i)에 필요한 전극 면적의 의존성이 주어진다.

$$A = \frac{RnF}{i \times FE} \tag{3.8}$$

위의 방정식은 필요한 전극 면적이 전류 밀도에 반비례한다는 것을 간단하게 나타낸다. 그러므로 낮은 전류 밀도에 대해 큰 전극 표면이 요구 될 것이고, 그 결과 전기 화학 장치의 크기가 커지고, 따라서 투자 및 운영비용이 높아진다. 산업 응용 분야에서 전기 화학 반응기의 일반적인 자본 비용은 양극 또는 음극 지역의 12,000 달러 수준이다. 이러한 높은 자본 투자를 위해 전기 화학 공정은 일반적으로 1 kA/m^2 이상의 전류 밀도와 50% 이상의 패러데이 효율성으로 운전한다. 한편, 기체 공급을 위한 산업 공간 속도는 적어도 100 h^{-1} 이상, 바람직하게는 1000h^{-1}(수초의 접촉 시간) 정도가 되어야 한다. 이러한 한계는 액체 연료 및 화학 물질로의 CO_2 전환을 위한 경제적으로 실행 가능한 전기 화학 장치의 설계에 대한 까다로운 요구 사항을 설정한다.

3.3. 전기 화학적 CO_2 환원을 위한 촉매

액체 연료 및 화학 물질로의 CO_2의 전기 화학적 환원을 위한 실용적인 응용 배열을 위해, 고효율의 전극 촉매가 개발되어야 한다. 전극 촉매는 전극상의 전자 전달 반응에 참여하고 전극 표면에서 일어나는 전기 화학 반응을 촉진 한다(그림 3.2). 효율적인 전기 촉매 작용을 위해서는 두 공정을 동시에 가속해야 한다. 열역학적으로 그것은 전자 전달 반응을 위한 산화 환원 전위와 촉매화된 전기화학적 반응(CO_2의 환원) 사이에서 좋은 일치가 되어야 한다. 이상적으로, 최적의 전기 촉매는 발생하는 전기 화학 반응의 열역학적 잠재력 근처에서 작동해야 한다. 최적의 전기 촉매 검색을 위해 다양한 촉매 물질이 산화·환원 전위, 전자 전달 속도, 화학 반응 속도 및 전류 효율에 대해 전형적으로 추적되어 진다. 고효율의 촉매를 확인하려면 이러한 모든 특성을 고려해야 한다. 전기 화학 현상은 화학 반응 속도와 전기 과정을 모두 포함하기 때문에 매우 복잡하다.

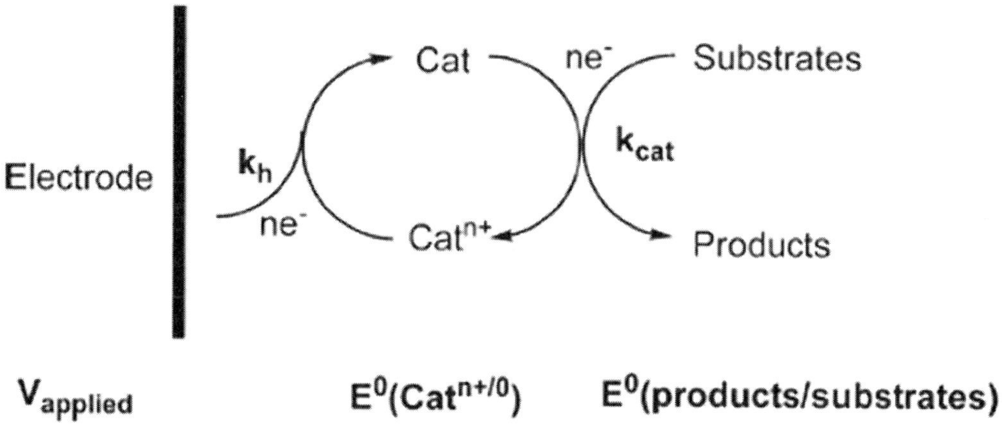

그림 3.2. 전극 표면과 전자 발생원 사이의 근접에서의
전기 촉매 작용의 도식적 표현[5].

이전 절에서 이미 언급했듯이, 전극 표면에서의 CO_2의 직접적인 전기 화학적 환원은 큰 과전류(반응물과 생성물의 인가한 전압과 산화 환원 전위의 차이)를 필요로 한다. 큰 과전압은 낮은 변환 효율을 초래한다. 이 한계를 어느 정도 극복하기 위해서는 열역학 및 속도론적 고려사항을 고려해야 한다. 과전압을 최소화하기 위해 촉매의 정식 포텐셜은 전기 화학 반응에 참여하는 화학종의 산화 환원 전위와 잘 조화되어야 한다. 또한, 반응 속도 상수(그림 3.2의 k_{cat})와 전기 촉매 감소의 속도 상수(그림 3.2의 k_h)는 인가된 전압에서 높아야 한다. 주어진 촉매에 대한 속도 상수의 평가를 위한 일반적인 접근법은 순환 전압 전류법 및 회전 디스크 전압법이다[5].

여기서 산화·환원 촉매와 화학 촉매를 구별하는 것이 유용하다. 산화·환원 촉매 작용에서, 촉매는 전극과 반응물 사이에서 전자를 왕복시키는 전자 이동제이다. 화학 반응 가속은 보다 효율적인 전자 공급에 기인하며, 고전적인 평면 전극 표면과 대비되는 다공성을 갖도록 전극 형태를 개선함으로써 또한 달성 될 수 있다. 화학 촉매 반응에서 촉매는 화학적 변형을 겪고 있는 화학종과 보다 친밀한 상호 작용을 한다. 이상적인 촉매/전극 어셈블리는 전기 화학 반응의 과전압 및 활성화 에너지를 현저하게 낮추어 두 메커니즘을 모두 촉진 할 것이다.

또한 균질 촉매와 불균질 촉매를 구분할 필요가 있다. 전기 화학적 CO_2 감소가 균질하거나 불균일하게 촉매화 될 수 있지만 두 가지 접근법은 서로 다른 반응 메커니즘을 가지며 서로 다른 전기 화학 전지 설계가 필요하다. 균일한 촉매 작용에서 기판을 함유하는 전해질 용액에 분산된 촉매 분자는 전극 표면으로 또는 전극 표면으로부터 확산 한다. CO_2의 전기 화학적 환원을 위한 균질 촉매는 전형적으로 거대 고리, 비피리딘 또는 포스핀 리간드(macrocyclic, bipyridine or phosphine ligands)를 갖는 전이 금속 복합체의 환원 상태이다[5]. 불균일 촉매 반응에서 전극 물질 자체는 전극 촉매 역할을 할 수 있고, 다른 촉매 물질은 다공성 전극 표면에 분산되거나 고정 될 수 있다[8]. 초기 연구에서 다결정 형태의 단일 원소 금속 전극을 사용하는 벌크 금속(예 : Cu, Ni, Fe, Ti)이 촉매로 사용되었다. 보다 최근에는 전이 금속 나노 입자, 나노 튜브, 나노 와이어, 코어-쉘 구조 및 나노 다공성 필름을 포함하는 새로운 유형의 불균형 전극 촉매 형태가 개발 되었다. 벌크 전해질은 각각의 촉매 사이클 동안 불활성화된 촉매 분자를 대체 할 수 있는 일정한 촉매 분자를 제공하기 때문에, 균질 촉매는 일반적으로 불활성화가 적다. 그러나 매우 다공성인 전극 표면 내에 침착되거나 고정화된 촉매를 갖는 불균형 시스템은 소형화의 매우 중요한 이점을 갖는다.

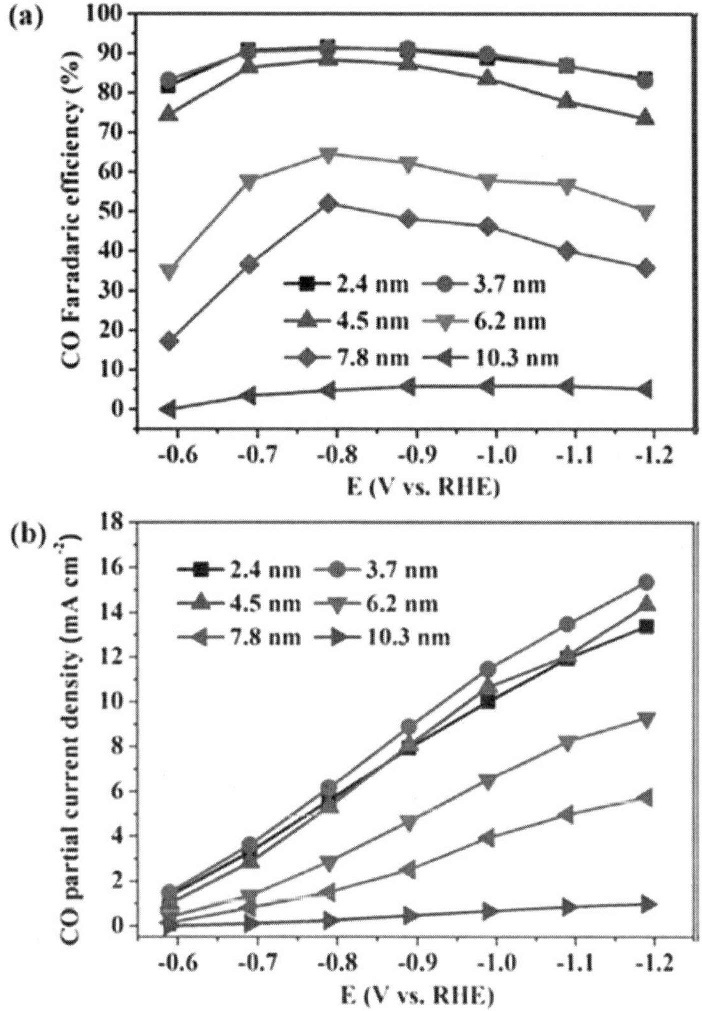

그림 3.3. 다양한 크기의 Pd 나노 입자에 대한 (a) CO Faradaic 효율 및 (b) CO 생산을 위한 전류 밀도의 잠재적인 의존성[9].

균질 촉매들 중에서 코발트와 니켈의 프탈로시아닌 및 테트라아자 마크로사이클릭(phthalocyanine and tetraazomacrocyclic)복합체와 같은 금속 복합체는 CO_2를 CO로 전기 촉매적으로 환원 시켜서 Faradaic 효율을 최대 98%까지 높여 준다. 레늄 및 루테늄 비피리딘 착물 및 로듐 및 팔라듐의 포스핀 복합체는 또한 CO_2의 전기 화학적 환원에 활성이 있는 것으로 보고 되었다. 이러한 촉매의 실용적인 구현에 대한 우려 중 하나는 낮은 생산 밀도(장치 당 생산 속도)와 함께 이 접근법의 경제성을 제한하는 촉매의 높은 비용이다. 불균질 촉매 반응에서 전이 금속 나노 입자를 전극 촉매로 사용하는 것이 유망한 방법이다. 나노 촉매의 크기는 열 촉매와 마찬가지로 크기-활성 관계가 강하기 때문에 매우 중요하다. 예를 들어, 크기 의존 활성도와 선택도가 2.4 ~ 10.3 nm 범위의 Pd 나노 입자에 대한 CO_2 대 CO의 전기 촉매적 환원 반응에서 확인 되었다[9]. 패러데이 효율은 10.3 nm 나노 입자에서 5.8%에서 3.7 nm 나노 입자에서 91.2%로 다양했으며 전류 밀도는 18배 증가했다(그림 3.3).

3.4. 전기 화학 전지 설계

CO_2 전기 환원에 대해 보고된 연구의 대부분은 주로 전극 반응의 촉매 특성에 초점을 맞춘 전기 촉매 분석에 관한 것이다. 그러한 연구를 위해 실험실 실험은 전형적으로 실제 응용을 반영하지 않는 이상적인 조건하에서 작은 배치 전기 화학 전지에서 수행된다. 이러한 연구는 물론 최적의 촉매 시스템을 식별하고 음극 물질 전달 제한을 이해하는데 매우 중요하다. 그러나 실제 구현을 위해서는 다음 단계는 확장된 연속 흐름장치의 설계가 되어야 한다. 지금까지는 산업적으로 실현 가능한 응용을 언급하는 보고서의 수가 제한되어 있다[2].

전기 화학적 셀 구성의 관점에서 몇 가지 개념적 방안이 있다(그림 3.4[7]). 일부 구성은 전기 화학적 CO_2 환원에 덜 적합하다. 예를 들어, 연료 전지와 같은 구성(그림 3.4(a))은 경쟁 H_2 발생 반응으로 인해 CO_2 환원에 불리 할 수 있다. 음극으로의 양성자의 과도한 유동을 막기 위해 pH 완충 용액을 도입 할 수 있다(그림 3.4(b)). 그러나 이 경우 버퍼층이 두꺼우면 셀 저항이 너무 높아질 수 있다. 또 다른 방안은 음이온 교환막을 사용하여 완충층 기반 시스템을 단순화하는 것이다(그림 3.4(c)). 또 다른 구성은 Nafion 막을 K^+ 형태로 사용하기 때문에 산소 발생 반응을 알칼리 조건에서 수행하고 음극에서의 CO_2 환원을 허용한다(그림 3.4(d)). 중요하고 획

기적인 점은 CO_2 전기 환원[10]을 위한 전기 화학 전지에서 연료 전지에 사용되는 가스 확산 전극을 성공적으로 구현한 것이다(그림 3.5). 가스 확산 전극의 사용은 물질 전달 특성을 향상시킬 수 있기 때문에 유망한 접근법이다. 그러나 이는 막힘을 야기하는 가스 확산 전극 공극에서 액상 생성물의 축적의 단점과 관련이 있다.

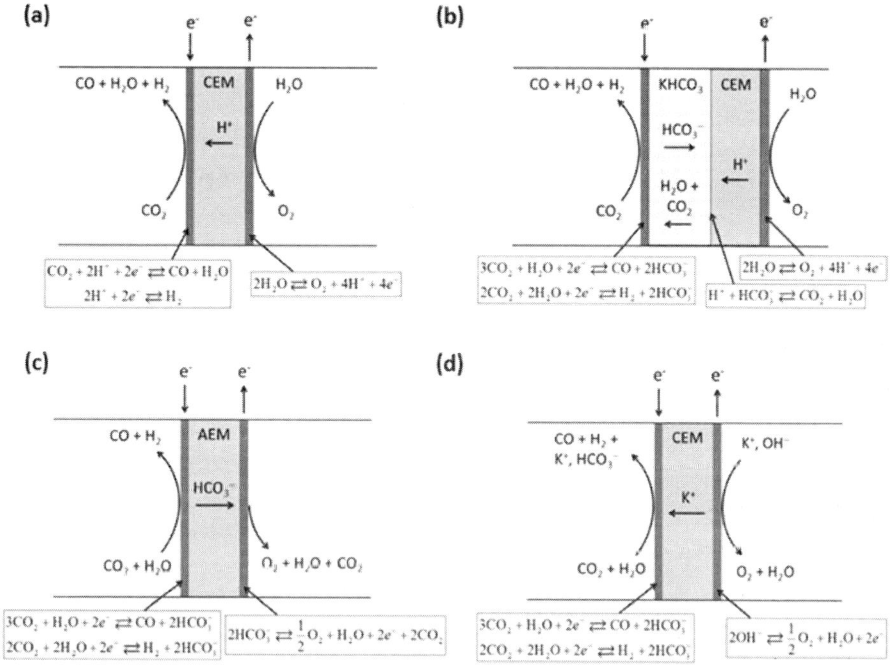

그림 3.4. 전기 화학 전지의 다양한 설계: (a) 전해질로서의 양이온 교환막 (CEM)을 갖는 전기 화학 전지, (b) 수성 $KHCO_3$의 pH 완충층을 갖는 변형 된 전지, (c) 전해질로서 음이온 교환막 (AEM)을 갖는 전기 화학 전지, (d) K^+ 형의 양이온 교환막을 이용한 전기 화학 전지.

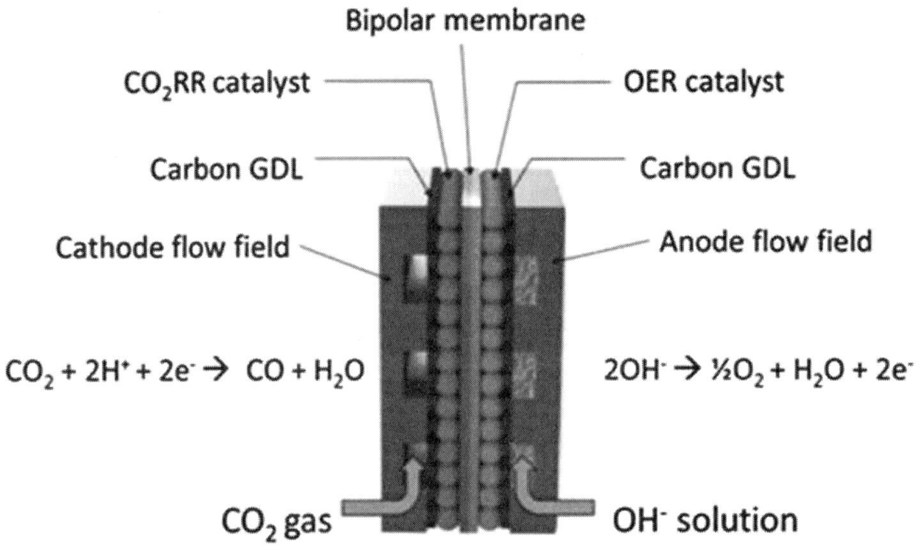

그림 3.5. 구불구불한 유동장(serpentine flow field) 및 다공성 카본 종이로 만들어진 가스 확산층(gas diffusion layer(GDL))을 이용한 CO_2 저감을 위한 전기 화학 장치의 개략도[10].

3.5. 메탄올 합성

전기 에너지(재생 가능 전기 포함)를 사용하여 온화한 조건에서 CO_2를 부가가치 화학 물질로 전환하기 때문에 이산화탄소의 전기 화학적 환원은 매력적인 대안으로 여겨진다. 이 접근법은 배출된 CO_2를 재활용하여 탄소 중립 사이클을 생성하는 동시에, 간헐적인 소스로부터 재생 가능한(또는 과도한) 에너지를 합성 연료의 화학 에너지 속에 저장하는 방법을 제공한다. 그러므로 화석 연료에 대한 의존도를 줄이는데 상당한 잠재력이 있다. 전기 화학적인 CO_2 환원을 통해 생성 될 수 있는 제품 중에서 메탄올은 중요한 플랫폼 화학 물질로서 특히 중요하다.

메탄올은 에너지 밀도가 매우 높으며, 이는 가솔린의 에너지 밀도의 거의 절반이다(15.6 MJ/L vs. 34.2 MJ/L). 또한, 메탄올은 도료 및 플라스틱을 포함한 많은 중요한 화학 물질의 필수 중간체이다. 에너지 운반체로서 사용하기 위해서는 H_2를 H_2보다 훨씬 더 높은 용적 에너지 밀도를 갖는 메탄올로 전환시키는 것이 유리하며, 액체 형태로 대기압에서 저장할 수 있다. 중요하게도 메탄올은 내연 기관 및 직접 메탄올 연료 전지와 같은 에너지 변환 시스템에서 직접 활용 될 수 있다. 위에서 언급한 이점으로 인해 메탄올의 CO_2 전기 환원은 최근 주목 받고 있다. 그러나 이 방향으로 상당한 진보가 있었지만, 산업적 규모로 상업화 될 수 있는 경제적으로 실행 가능한 기술을 개발하기 위해서는 더 많은 연구가 여전히 필요하다. 현재 전 세계 대부분의 메탄올은 합성 가스를 생산하기 위해 천연가스의 수증기 개질을 통해 내규모 산업 플랜트에서 생산되며, 합성 가스는 고압(20−30 MPa)합성에서 메탄올로 전환된다. 대조적으로 CO_2의 전기 화학적 변환은 주위 조건에서 수행되며 화석 연료 발전소 및 기타 산업에서 배출되는 CO_2가 원칙적으로 활용 될 수 있다. 그러한 "메탄올 경제"가 대규모로 실행된다면 기후 변화의 문제를 해결하고 화석 연료에 대한 의존도를 줄이는데 크게 기여 할 수 있다(그림 3.6[6]).

메탄올로의 CO_2의 전기 화학적 환원 메커니즘을 이해하는데 상당한 진전이 있었다. 메탄올의 형성은 여러 전극 촉매에서 불균질적으로 일어나는 것으로 알려져 있다. 적용된 음극 물질은 구리(Cu)뿐만 아니라 그 산화물 및 Ni, Sn, Pb, Zn, Ag 및 Cd와 같은 다른 금속과의 합금을 포함 한다[6]. 몰리브덴(Mo) 및 루테늄(Ru)과 같은 다른 전기 촉매 물질도 메탄올로의 CO_2 전기 변환에서 활성되어 최대 60%의 파라다이 효율(Faradaic efficiencies)을 제공한다. 귀금속(Pt 및 Pd)뿐만 아니라 다른 전이 금속(예를 들어, Fe, Ti)이 또한 사용될 수 있다. 이 모든 재료 중에서 산화된 Cu 기반 전극은 높은 선택성과 전류 효율성을 제공하기 때문에 가장 유망한 것으로 보인다[6].

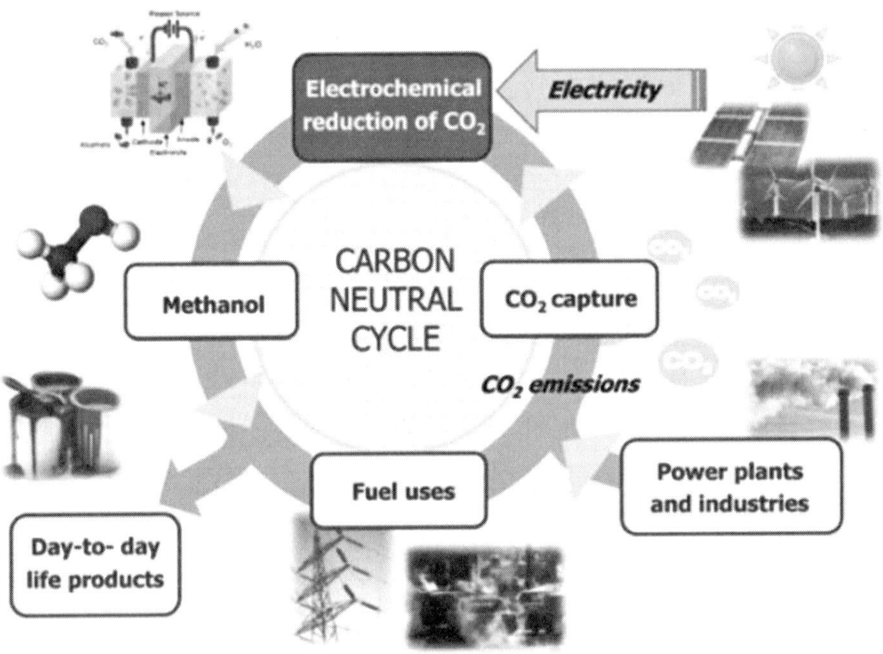

그림 3.6. 메탄올 기반 경제 사이클 모델[6].

많은 진보에도 불구하고, 전기 화학적 경로를 통한 메탄올의 생산은 여전히 실제 적용면에서 아직도 거리가 멀다. 이 기술을 경제적으로 실용적으로 만들기 위해서는 몇 가지 근본적인 단점을 해결해야 한다. 첫째, 높은 전류 밀도에서의 전기 촉매 안정성은 여전히 열악하다. 주요한 문제는 반응 중간체가 활성 인자를 피독시켜 빠른 촉매 비활성화를 유도한다는 것이다. 따라서 매우 안정한 촉매의 개발은 우선순위가 가장 높지만 이러한 안정한 촉매는 동시에 높은 전류 밀도에서 메탄올 생산에 대해 높은 활성과 선택성을 가져야 한다. 둘째, 기존 촉매의 활성 및 선택성은 여전히 낮다. 이 방향에서의 연구는 전기 화학적 메탄올 합성에 아직 연구되지 않은 새로운 촉매 물질에 초점을 맞추어야 한다. 촉매 물질 선택 이외에, 전극 형태는 또한 전극의 기하학적 영역마다 촉매 표면을 최대화 하도록 최적화되어야 한다. 이는 MOF(metal organic frameworks)와 같이 높은 표면적을 갖는 새로운 재료의 구현에 의해 달성될 수 있다. 궁극적인 목표는 전자 이동과 물질 이동을 촉진 할 수 있는 최적화된 전극 형태를 생성하는 한편, 반응 속도를 촉진시키는 고도의 활성 및 선택적 촉매를 갖는 것이다. 마지막으로 산업용 적용을 위해 확장 될 수 있는 소형의 고효율 전기 화학셀의 설계와 관련하여 여전히 많은 연구가 이루어져야 한다.

3.6. 고체 산화물 연료 전지의 합성 가스 생산

연료 전지는 연료를 산화시켜 전기를 직접 생성하는 전기 화학 변환 장치입니다. 고체 산화물 연료 전지(Solid Oxide Fuel Cell(SOFC))에서 고체 산화물 전해질은 액체 또는 중합체 전해질에 기초한 다른 유형의 연료 전지와 구별하기 위해 사용된다. 연료 유연성(H_2 연료 이외에 직접 사용될 수 있음), 고효율, 장기 안정성 및 비교적 낮은 비용을 포함하여 SOFC의 사용과 관련된 몇 가지 이점이 있다. 그러나 전해질의 전도성이 낮기 때문에 SOFC는 고온(일반적으로 800 ~ 850°C)에서 작동해야 하므로 시작 시간이 길어지고 기계적 안정성 문제가 발생한다. 다른 유형의 연료 전지처럼 SOFC는 연료 전지뿐만 아니라 전해기로도 작동 할 수 있다[1, 11, 12]. 연료 전지 작농 모드에서, SOFC는 화학 반응을 통해 연료의 화학 에너지를 전기로 변환한다. 전기 분해 모드에서 셀은 물과 이산화탄소를 H_2와 CO로 환원시켜 합성 가스를 생성 할 수 있다. 이 경우 전기 화학 셀을 고체 산화물 전해 전지(Solid Oxide Electrolysis Cell(SOEC))로 지칭하는 것이 더 적절하다(그림 3.7).

고체 산화물 전해질의 장점은 이러한 유형의 전해질이 산화물 이온을 전도한다는 점이다. 그러므로 SOEC은 CO_2와 H_2O를 모두 CO와 H_2로 직접 환원시킬 수 있다. CO와 H_2의 혼합물은 합성가스이며 Fischer-Tropsch process과 메탄올 합성을 위한 중요한 화학 원료이다. 다른 유형의 연료 전지는 양성자(양성자 교환막 연료 전지, Proton Exchange Membrane Fuel Cell(PEMFC)) 또는 수산화물 이온(알칼리성 연료 전지, Alkaline Fuel Cells(AFC) 또는 음이온 교환막 연료 전지(Anion Exchange Membrane Fuel Cells(AEMFC))를 수행하는 전해질을 기반으로 한다. SOEC의 높은 작동 온도(800°C 이상)는 열역학적 이점(고효율)과 속도론적 이점(반응물의 분열 촉진)을 제공한다. 결과적으로 SOEC는 낮은 전력 소비로 작동하고, 이러한 고온에서 속도론이 매우 빠르기 때문에(종종 값 비싼) 고활성 촉매의 필요성이 제거된다.

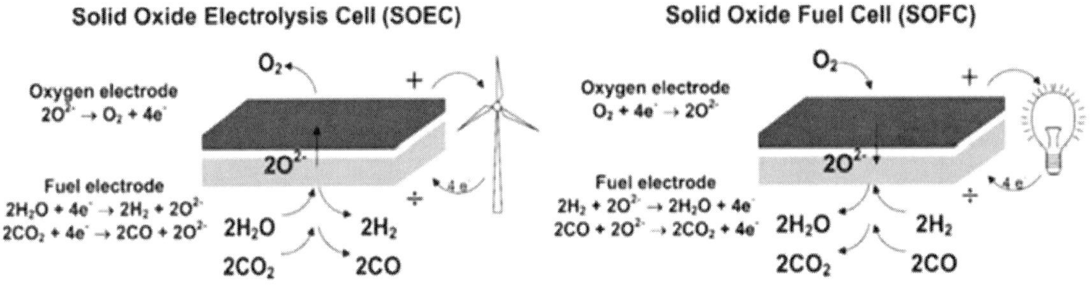

그림. 3.7 고체 산화물 전해 전지(SOEC) 및 고체 산화물 연료 전지(SOFC)의 작동 원리에 대한 개략적인 설명[11].

실용적인 측면에서 CO_2 환원을 위한 SOEC의 사용은 매우 유망한 접근 방법으로 보인다. 그러한 공정에서 CO_2와 수증기는 합성가스(Syngas, CO와 H_2의 혼합물)를 생산하는 SOEC의 어레이에 동시 공급 될 수 있다(그림 3.7). 높은 작동 온도는 합성 가스를 합성 연료 및 화학 물질로의 하류 전환과 같은 다른 공정들과 열통합을 허용하여 전반적인 효율성을 높인다. 예를 들어, 하류 연료 합성에서 생성된 열은 SOEC에 공급되는 증기의 생성을 위해 활용될 수 있다. 따라서 SOEC의 배열은 고효율의 상대적으로 낮은 자본 투자(SOEC는 세라믹 물질을 기반으로 함)에서 수증기 및 포집된 CO_2로부터 합성 연료의 고효율 생산을 위해 구현될 잠재력을 가지고 있다. 주된 단점은 고온 및 반복된 시동/정지 사이클이 반복되는 셀 재료의 기계적 불안정성과 관련이 있다.

3.7. 끝 맺는말

CO_2의 전기 화학적인 환원은 포획 된 CO_2를 가치 있는 합성 연료와 화학 물질로 전환시키는 매력적인 방법이다. 연소 배출 가스, 농업에서 발생하는

바이오 가스 및 육상 가스를 포함하여 다양한 CO_2 원천을 잠재적으로 활용할 수 있다. 개념적으로 말해서 이 기술의 가장 중요한 장점은 전기가 전기화학 장치에서 합성 화합물의 화학 에너지로 직접 변환 될 수 있다는 것이다. 이 에너지 전환 경로는 간헐적인 재생 가능 또는 잉여 전기를 쉽게 운반할 수 있는 화학 원료(예 : 메탄올 또는 포름산) 형태로 저장한다. 원칙적으로 태양, 바람 및 수력 에너지, 물 및 포집된 CO_2를 사용하여 탄소 포화 지방 연료와 화학 물질을 생성 할 수 있다. 이산화탄소 전기 환원의 가능한 생성물 중 가장 실용적인 것은 메탄올(중합체 및 도료 산업에서 사용되며 연료로 사용될 수 있음), 포름산(방부제 및 방부제로 사용), 합성 가스(Fischer-Tropsch process)를 통해 메탄올 또는 합성 원유로 전환됨)이다.

잠재력은 엄청나지만 도전과제는 극복하기가 어렵다. 우선, 수용성 환경에서의 낮은 CO_2 용해도 및 경쟁 반응의 유사한 산화 환원 전위와 관련된 근본적인 고유한 단점이 있다. 이러한 한계는 고전적인 전기 화학 전지에서 극복 할 수 없기 때문에 열역학이라고 할 수 있다. 다른 문제는 큰 전극 과전압 및 제한 전류로 이어지는 속도론 및 물질 전달 제약으로 인해 발생한다. 이산화탄소 환원 전기 촉매 및 전극 형태 설계에 추가적인 발전이 필요하다. 그러나 고활성 및 선택적으로 안정한 촉매, 최적화된 전극 형태의 개발은 즉시 대규모 산업 구현으로 이어지지 않을 것이다. 최적화된 전극은 확장성이 있어야 하는 고효율 전기 화학 셀에 통합되어야 한다. 전극 표면 근처의 물질 전달 한계 이외에, 전체 전기 화학 장치의 수준에서도 물질 수송 제약이 있을 것이다. CO_2 전기 환원을 위한 확장 가능한 전기 화학 장치가 설계되었을 때만이 기술 경로의 경제적 타당성에 대한 문제를 적절히 해결할 수 있다.

참고문헌

1. Ridjan I, Mathiesen BV, Connolly D, Duic N(2013), The feasibility of synthetic fuels in renewable energy systems. Energy 57:76–84.
2. Najafabadi AT(2013), CO_2 chemical conversion to useful products: an engineering insight to the latest advances toward sustainability. Int J Energy Res 37:485–499.
3. Costentin C, Robert M, Saveant J-M(2013), Catalysis of the electrochemical reduction of carbon dioxide. Chem Soc Rev 42:2423–2436.
4. Kumar B, Llorente M, Froehlich J, Dang T, Sathrum A, Kubiak CP(2012), Photochemical and photoelectrochemical reduction of CO_2. Annu Rev Phys Chem 63:541–569.
5. Benson EE, Kubiak CP, Sathrum AJ, Smieja JM(2009), Electrocatalytic and homogeneous approaches to conversion of CO_2 to liquid fuels. Chem Soc Rev 38:89–99.
6. Albo J, Alvarez-Guerra M, Castaño P, Irabien A(2015), Towards the electrochemical conversion of carbon dioxide into methanol. Green Chem 17:2304–2324.
7. Delacourt C, Ridgway PL, Kerr JB, Newman J(2008), Design of an electrochemical cell making syngas ($CO + H_2$) from CO_2 and H_2O reduction at room temperature. J Electrochem Soc 155:B42–B49.
8. Kumar B, Brian JP, Atla V, Kumari S, Bertram KA, White RT, Spurgeon JM(2016), New trends in the development of heterogeneous catalysts for electrochemical CO_2 reduction. Catal Today 270:19–30.
9. Gao D, Zhou H, Wang J, Miao S, Yang F, Wang G, Wang J, Bao X(2015), Size-dependent electrocatalytic reduction of CO_2 over Pd nanoparticles. J Am Chem Soc 137:4288–4291.
10. Li YC, Zhou D, Yan Z, Gonçalves RH, Salvatore DA, Berlinguette CP, Mallouk TE (2016), Electrolysis of CO_2 to syngas in bipolar membrane-based electrochemical cells. ACS Energy Lett 1:1149–1153.

11. Ebbesen SD, Mogensen M(2009), Electrolysis of carbon dioxide in solid oxide electrolysis cells. J Power Sources 193:349–358.12. Stambouli AB, Traversa E(2002), Solid oxide fuel cells(SOFCs): a review of an environmentally clean and efficient source of energy. Renew Sustain Energy Rev 6:433–455.

제 4 장 이산화탄소의 광촉매 환원

CO_2 저감을 위한 다른 방법과 비교할 때, CO_2의 광촉매 전환은 태양 에너지의 직접적인 이용이라는 독특한 이점을 가지고 있습니다. 이러한 의미에서 이 경로는 생물학적 광합성과 유사하다. 약 105 TW의 태양 에너지가 지구 표면에 전달된다(지구는 상층 대기에서 174,000 TW의 태양 복사를 받지만 약 30%는 다시 우주로 반사된다). 1년 동안의 전 세계 에너지 소비량은 햇빛 2시간 미만에 해당한다. 대부분의 인구 밀집 지역에서 일사량 수준은 0.15 ~ 0.3 kW/m^{2}이다. 태양 에너지가 풍부하고 탄소 발자국이 없기 때문에 광촉매로 합성 연료와 화학 물질을 생산하는 광촉매를 사용하면 CO_2 배출량을 줄이고 화석 연료에 대한 의존도를 줄일 수 있는 큰 잠재력이 있다. 열촉매 및 전기 촉매 전환 경로와 마찬가지로 광촉매를 이용하여 CO_2를 합성 연료로 환원하면 누출 가능성과 같은 높은 자본 투자 및 환경 문제와 관련된 단점이 있는 이산화탄소 저장 방법의 대안이 될 수 있다.

가속화된 CO_2 배출로 인한 기후 변화에 대한 관심이 높아짐에 따라 지난 수십년 동안 인공 광촉매로 이산화탄소를 가치 있는 화학 물질 및 합성 재생 가능 연료로 전환하는 분야에서 연구 활동이 크게 증가했다. 그러나 도전 과제가 크고 여전히 극복해야 할 단점을 지니고 있다. 햇빛을 합성 연료의 화학 에너지로 변환하는 과정은 자체의 열역학적 제약뿐만 아니라 운동 및 수송 한계가 있다. 다행히 나노 기술과 광촉매의 최근 개발은 촉매를 이용한 CO_2 광환원에 상당한 발전을 가져 왔으며, 이로써 효율성이 크게 개선되었다. 그러나 CO_2 광환원 반응의 효율을 더욱 향상시키기 위해서는 더 많은 노력이 필요하다.

가장 중요한 지침 중 하나는 떠오르는 재료와 나노 구조를 기반으로 한 새로운 광촉매의 개발이다. 모든 촉매 시스템에서 가장 중요한 특성은 활성, CO_2 감소에 대한 선택도 및 안정성이다. 이상적으로는 이러한 모든 특성을 최대화해야 하지만 타협과 절충의 여지가 있다. 예를 들어, 촉매가 바람직한 생성물에 대해 매우 높은 선택성을 갖고 그 장기 안정성이 양호하다면, 그 촉매의 활성이 그다지 높지 않더라도 그러한 촉매는 우수하다고 간주 될 수 있다. 수십 년 동안 집중적으로 연구한 결과, 이산화탄소의 촉매 광환원 메커니즘은 아직 잘 이해되지 않았기 때문에 새로운 촉매 시스템을 선택할 수 있는 능력은 제한적이다. 효율적인 광촉매 반응기의 설계는 여전히 어렵다. 지금까지 요약하면, CO_2 광환원의 잠재력은 크지만 도전은 여전히 크며 이 기술은 아직 경제적으로 실행 가능하지 않다.

다음 논의에서는 CO_2의 광촉매 환원에 대한 기본 원리를 먼저 설명한다. 그 이후에, 이 기술의 주요 단점과 문제점을 제시할 것이다. 다음으로 광촉매의 최근 진보에 대해 개략적으로 설명하고 광촉매 반응기 설계에 대해 논의한다. 운전상의 제약과 산업 응용 프로그램의 실행 가능성은 이 장의 마지막 부분에서 비판적으로 논의된다.

4.1. 기본 원리들

광촉매로 CO_2를 줄이면 반도체는 광 조사가 있을 때 CO_2 분해를 촉진한다. 이 과정은 광 물리 및 광화학 현상을 포함하며, 3 가지 주요 단계로 진행된다. 광자의 흡수 시 전자-정공 쌍 생성, 전하 운반자 분리 및 전달, 그리고 표면 종과 전하 운반자 간의 화학 반응은 그림 4.1에 묘사되어 있다[1].

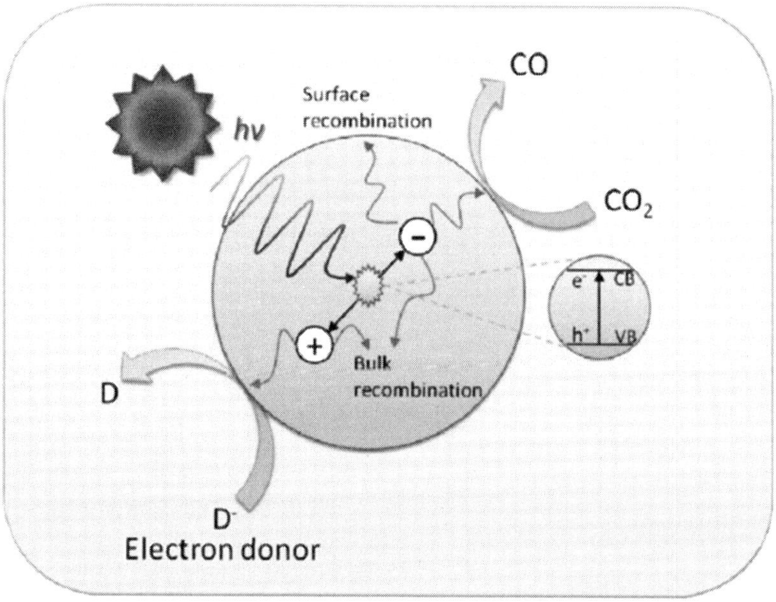

그림 4.1. 광 여기 및 전자 전달 과정의 개략도[1].

광자 여기는 광자 에너지가 반도체 광촉매의 밴드갭(Band Gap)보다 크거나 같으면 가전도대(Valence Band)에서 전도대(Conduction Band)로의 전자 여기를 유도한다. 모든 전하 운반자(전자 및 정공)가 바람직한 표면 반응에 참여하는 것은 아니다. 생성된 전자 및 정공 중 일부는 복사 또는 비복사 재결합 경로를 통해 포획 사이트에서 결합한다. 생성된 전자 및 정공의 대부분이 표면 반응에 참여하도록 벌크 전자-정공 재결합 공정을 늦추는 것이 매우 바람직하다. 전자는 수용액과 접촉하는 반도체 표면으로 이동하고 표면에 흡착된 CO_2 종과 반응한다. 정공은 물 분자를 산화시킨다.

CO_2 광환원 메커니즘의 세부 사항을 설명하는 문헌 속에 많은 훌륭한 리뷰가 있다[1-4]. 두 가지 가장 필수적인 반응은 다음과 같이 식 (4.1)에서 보여준다. 여기서 표준 Nernst 전위가 pH=7, 25° C 및 1 기압의 가스 압력에서 정상 수소 전극(Normal Hydrogen Electrode(NHE))에 비해 나타난다. 광 생성된 정공은 반도체 표면에서 반응하여 전자 공여체(물 분자)에서 전자를 추출 한다(그림 4.1). 또한 분자 산소와 양성자를 형성하도록 산화 된다.

광 생성된 전자는 반도체 표면에 흡착된 CO_2 종을 감소시킨다.

$$
\begin{aligned}
&2H_2O+4h^+ \rightarrow O_2+4H^+ &\quad E^0_{ox}=+0.82\,V \\
&CO_2+e^- \rightarrow CO_2^- +4H^+ &\quad E^0_{red}=-1.90\,V
\end{aligned}
\qquad (4.1)
$$

그러나 단일 전자 CO_2 감소는 양이온이 CO_2 음이온 라디칼의 안정화에 관여하지 않기 때문에 매우 음의 잠재력을 필요로 함으로써 가능성이 적다. 한편, 보다 저 에너지 집약 환원 경로는 H_2O 산화의 생성물인 광 생성된 전자와 양성자를 모두 포함한다. 이러한 다중 전자 및 다중 양성자 반응의 가능한 생성물은 일산화탄소(CO), 메탄(CH_4), 포름산(HCO_2H), 포름알데히드(HCHO) 및 메탄올(CH_3OH)이다(식 (3.2)). 일부 양성자는 H_2 분자로 결합할 수 있으며(식 (4.2)의 마지막 반응), 이것은 CO_2 감소와 경쟁하는 바람직하지 않은 경로이다. 아래의 반응에서 표준 전위는 수용액에서 pH=7일 때 정상 수소 전극(Normal Hydrogen Electrode(NHE))에 비해 25℃, 1기압의 가스 압력, 용질에서는 1M에서 보여준다.

$$
\begin{aligned}
&CO_2+8H^+ +8e^- \rightarrow CH_4+2H_2O &\quad E^0=-0.24\,V \\
&CO_2+6H^+ +6e^- \rightarrow CH_3OH+H_2O &\quad E^0=-0.38\,V \\
&CO_2+4H^+ +4e^- \rightarrow HCHO+H_2O &\quad E^0=-0.48\,V \\
&CO_2+2H^+ +2e^- \rightarrow CO+H_2O &\quad E^0=-0.53\,V \\
&CO_2+2H^+ +2e^- \rightarrow HCO_2H &\quad E^0=-0.61\,V \\
&2H^+ +2e^- \rightarrow H_2 &\quad E^0=-0.41\,V
\end{aligned}
\qquad (4.2)
$$

가능한 화합물 중 CO와 포름산은 이들 화합물의 형성이 두 개의 전자만을 포함하기 때문에 가장 쉽게 생성 된다. 메탄올 형성은 화학 산업에서 광촉매로 생산되는 메탄올에 대한 잠재적 시장 및 연료로 인해 매우 바람직하다. 재생 가능한 합성 메탄의 광촉매 생성은 또한 매력적인 경로이다. 그러나 이들 화합물에 대한 CO_2 광환원은 여러 전자의 이동을 포함하여 이러한 반응을 기계적으로 복잡하게 만들어서 상대적으로 느리다. CO_2 광환원의 선택성을 원하는 생성물로 유도하기 위해서는 새로운 버전의 광촉매가 필요하다. 이 주제는 아래의 4.3절에서 논의된다.

4.2. 주요 단점들

햇빛을 사용하여 합성 화학 연료로 CO_2와 물을 전환하는 것은 생물학적 광합성을 모방하고, 합성 "태양광" 연료로 대체하여 화석 연료에 대한 의존성을 줄이기 위한 매력적인 통로를 제공한다. 기본적인 구상은 수십 년 동안 알려져 있지만 합성 연료의 "인공 광합성" 기술은 실용적이고 경제적으로 실행 가능한 구현과는 거리가 멀다. 여전히 해결되어야 할 가장 근본적인 과학적 과제는 광촉매 H_2O 산화 및 CO_2 감소의 다중 전자 전달 반응을 매우 효율적으로 수행하는 것이다. 현재의 변환 효율은 여전히 매우 낮다. 가장 중요한 제한 요소는 (1)반도체의 태양 스펙트럼과 흡수 밴드의 불일치, (2)전하 운반자의 불량한 분리 효율, (3)수용성 환경에서의 낮은 CO_2 용해도, (4)경쟁 수소 진화 반응이다.

단일 광전극 위에서 H_2O 산화 및 CO_2 저감을 동시에 수행하는 것은 반도체 밴드 갭이 충분히 넓으면 달성 될 수 있다. 전극 과전압을 고려하면, 단일 광시스템에 대해 약 3 eV의 실질적인 밴드 갭 에너지가 요구된다. 불행히도 이 밴드 갭은 태양 스펙트럼의 UV 범위의 광자 에너지에 해당한다. 태양으로부터 방출되는 전체 에너지의 단 7%만이 스펙트럼의 UV 부분에 놓여 있다. 스펙트럼의 상당 부분(~ 43%)이 가시광선 범위에 있다. 나머지 부분은 대개 근적외선 범위(49%)에 있다(~ 1%는 X 선, 감마선 및 전파로 방출 됨). 햇빛은 UV 조사량의 일부만을 포함하기 때문에 ~ 3 eV의 밴드 갭을 가진 반도체 재료를 사용하면 최대 이론적 태양 에너지 전환율이 몇 퍼센트에 이른다.

전하 운반자 운송을 위한 추진력을 제공하기 위해서는 과전압이 필요하다. 결과적으로, CO_2 전환에 필요한 에너지는 CO_2 광환원 반응의 이론적 열역학보다 더 크다. 이러한 제한은 공정 효율성을 더욱 제한하는데, 이는 CO_2 광환원 시스템의 실제 구현을 위한 넘어야 할 주요한 난제이다. 또한 물에서의 낮은 CO_2 용해도(25° C에서 순수한 CO_2의 100 kPa에서 33.6 mmol/L)와 관련된 이동 제한이 있다. 또 다른 결점은 광촉매 CO_2 환원은 수용액 환경에서 이루어지기 때문에 광 생성된 전자에 의한 경쟁적인 H_2O 감소이다(식 (4.2)).

열역학적 및 속도론적으로 물 환원은 대부분의 CO_2 환원 경로보다 유리하다. 물의 환원 전위는 CO, 포름산 및 포름알데히드로의 CO_2 전환의 환원 전위보다 더 양의 값을 갖는다(식 (4.2)). 속도론적 관점에서, 두개 전자 과정인 H_2O 환원은 다중 전자 단계를 포함하는 CO_2 환원 경로보다 유리하다. CO_2 환원과 달리 H_2O 감소는 용해도에 의해 제한되지 않는다. 경쟁적인 물 환원 문제를 해결하기 위해 광촉매 형태학은 이 반응이 속도론면에서 덜 선호되는 방식으로 노출된 표면을 변화 시키도록 변형 될 수 있다.

CO_2 광환원에서 원하는 선택성을 달성하는 것은 매우 도전적이다. 열역학적 관점에서 볼 때 메탄(CH_4)과 메탄올(CH_3OH)의 생성은 보다 낮은 환원 전위, 식 (4.2)를 보다 더 선호된다. 그러나 이러한 반응은 여러 전자 및 양성자 이동을 포함하기 때문에 일산화탄소(CO), 포름알데히드(HCHO) 및 포름산(HCO_2H)에 대한 이산화탄소 환원과 비교할 때 CH_4 및 CH_3OH 생성은 속도론면에서 덜 선호된다. 일반적으로 말하자면, 원하는 생성물을 얻기 위해서 2-8 전자 및 양성자 반응을 포함하는 CO_2 전환 경로를 유도하는 것은 극히 어렵다. 다중 전자, 다중 양성자 과정 대신에, 원하지 않는 생성물을 형성을 유도하는 광촉매 표면과 흡수된 종간의 상호 작용은 일련의 단일 전자 과정을 거칠 수 있다. 따라서 광촉매 물질에 대한 가장 기본적인 요구 사항 중 하나는 많은 양의 전자-정공 쌍을 생성하는 동시에, 전하를 효율적으로 분리하고, 광촉매 표면과 광촉매 표면 사이의 계면과 액상에서 다량의 활성 촉매 사이트를 제공하는 능력이다.

위에 논의된 열역학적 및 속도론적 제한 외에도 광촉매 셀의 설계와 관련된 수많은 과제가 있다. 광촉매 CO_2 환원셀은 셀 성능을 최적화하기 위해 신중하게 설계해야하는 몇 가지 구성 요소로 구성된다. 궁극적인 목표는 광촉매 CO_2 환원과 관련된 열역학 및 속도론 제한을 고려할 때 햇빛-연료 전환을 최대화하는 것이다. 광촉매 CO_2 환원셀에서 가장 필수적인 3 가지 과정은 광 흡수, 광촉매 및 광촉매 셀의 두 챔버 사이에서의 이온 이동이다.

4.3. CO_2 전환을 위한 광촉매 이론

CO_2의 광화학적 환원 과정은 균일하게 또는 불균일하게 촉매화되어 질 수 있다. 균일한 이산화탄소 광환원(photoreduction)에서 분자 촉매가 액상에 분산되어 있다. 불균일한 광촉매 CO_2 감소에서 p 형 반도체 표면이 광 양극으로 작용한다. 광 양극의 촉매 성능은 표면에 분산된 촉매 나노 입자에 의해 향상 될 수 있다. 촉매 CO_2 광환원은 반도체 광전지 표면에 부착된 분자 촉매 또는 반도체 광전지에 의해 직접적으로 또는 반도체 광전지에 분산된 금속 나노 입자에 의해 균질하게(용해된 분자 촉매에 의해) 또는 불균일하게 수행 될 수 있다[4].

광촉매의 주된 역할은 선호한 전자 이동 속도론을 제공하는 것이다. 표면에 도달하는 모든 전자가 CO_2 환원에 참여하는 것은 아니라는 것을 인지하는 것이 중요하다. 이산화탄소는 열역학적으로 안정한 불활성 화합물이다. CO_2 분자의 활성화는 원하는 환원 경로에 대한 추진력을 제공 할 수 있는 높은 환원 전위를 갖는 광전자를 필요로 한다. 환원 전위는 전자를 얻기 위한 화학종의 능력을 측정한 것이다. 낮은 환원 전위 종은 전자를 얻고(환원되어짐), 더 높은 환원 전위를 갖는 종은 전자를 제공(산화되어짐)한다. CO_2의 환원은 더 많은 음의 화학 포텐셜을 갖는 광전자를 필요로 한다. 물 산화의 경쟁 반응에 대해 보다 양의 전위 레벨을 갖는 광 생성된 정공이 요구된다.

Pt/TiO_2 광촉매를 이용한 이산화탄소의 광촉매 환원이 그림 4.2에 도식적으로 묘사되어 있다[5]. 이 과정은 반도체 밴드갭(Eg)보다 큰 에너지를 가진 양성자의 흡수에 의해 시작된다. 광자 흡수는 반도체 전도대(Conduction Band(CB))에서의 여기 광전자 및 반도체 가전자대(Valence Band(VB)에서의 정공의 생성을 초래한다. 광 여기된 전자-정공 쌍이 반도체 물질의 대

부분에서 생성되면, 두 개의 다른 공정을 거칠 수 있다. 첫 번째, 바람직한 경로는 전하 분리와 전자와 정공이 TiO_2 입자의 표면으로 이동하는 것이다. 경쟁적이고 바람직하지 않은 경로는 전자-홀 쌍을 소모하는 벌크 재결합이다. 표면에 도달하는 광전자는 고체-액체 계면에서 흡수된 CO_2 분자의 환원에 참여한다. 이 과정은 반도체 표면에 촉매 금속 나노 입자가 존재함으로써 크게 가속화 될 수 있다(그림 4.2). 물 분자는 반도체 표면에 도달한 광 유도된 정공에 의해 산화되어 산소와 양성자를 생성한다. 생성된 양성자는 이산화탄소 전환에 참여한다(식 (4.2)).

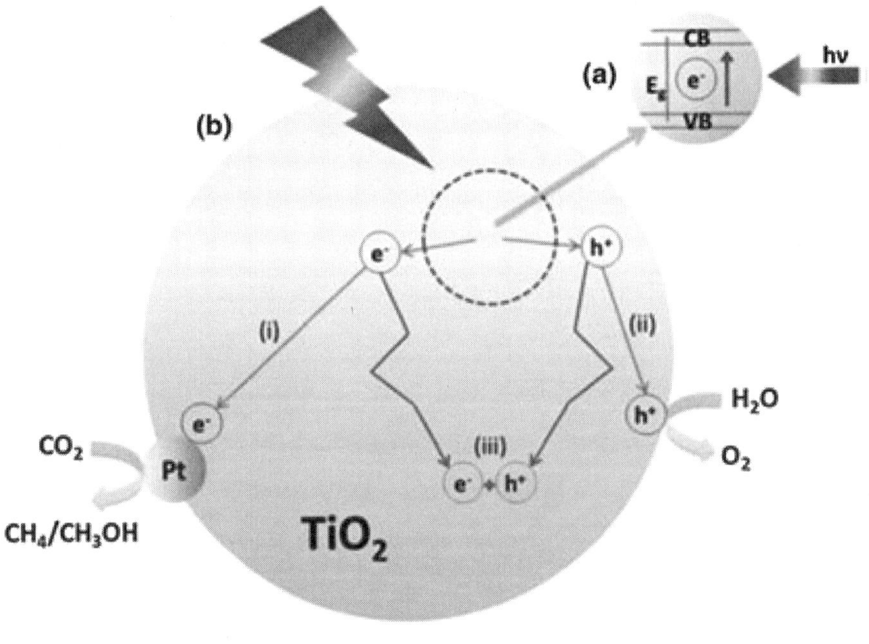

그림 4.2. Pt-TiO_2 광촉매를 이용한 물에 의한 CO_2 광 환원; (a) 광촉매의 전자 밴드 구조에서의 광 여기 및 생성 된 전자 – 정공 쌍의 광촉매 표면으로의 이동, 산화 환원 반응의 유도 (b) 생성 된 전자 – 정공 쌍의 광촉매 표면으로의 이동, 산화 환원 반응의 유도[5].

금속 산화물은 CO_2 광환원에 가장 적합한 광촉매이며, 특히 TiO_2이다. ZrO_2, Ga_2O_3, Ta_2O_5, $SrTiO_3$, $CaFe_2O_4$, $NaNbO_3$, $ZnGa_2O_4$, Zn_2GeO_4 및 $BaLa_4TiO_{15}$를 비롯한 몇 가지 다른 종류의 금속 산화물이 보고되었다. 이러한 물질은 넓은 밴드갭을 가지므로 UV 활성이다. 금속 산화물 기반의 광촉매 재료는 취급이 안전하고 비교적 저렴한 비용으로 상당히 안정적이다. 광촉매 형태학은 매우 중요한 요소이다. 최근에 나노 로드 및 나노 튜브와 같은 첨단 나노 물질은 표면적이 넓고 입자 경계가 감소하며 전하 이동 경로가 원활하기 때문에 많은 주목을 받고 있다.

위의 예(그림 4.2)에서와 같이 금속 산화물 표면에 조촉매(co-catalyst)를 증착하는 것은 CO_2 전환 효율과 원하는 생성물에 대한 선택성을 향상시키는 일반적인 전략이다. 귀금속 나노 입자는 CO_2 환원 반응을 개선시키는 것으로 알려져 있다[1]. 한편, 금속 산화물 나노 입자는 물 산화 반응을 촉진시키는 것으로 밝혀졌다. 조촉매의 역할은 추가적인 촉매적 활성점을 제공하기 때문에 중요하다. 또한, 이들 촉매 활성점은 전형적으로 금속 산화물 반도체 표면의 선택성과 다른 선택성을 제공한다. 조촉매의 부가적인 기능은 반도체 벌크로부터 광 생성된 전자를 추출하여 수명을 연장시키는 것이다.

금속 나노 입자 조촉매에 전자 축적은 매우 바람직한 다중 전자 CO_2 전환 경로에 유리하다. 금속 산화물 조촉매는 촉매 환원 사이트를 제공하지 않지만 더 나은 전하 분리를 제공하고 광전자의 수명을 연장시키는 광 생성 정공을 추출함으로써 성능을 향상시킬 수 있다. 귀금속 조촉매가 광촉매 활성을 현저히 향상시킬 수 있다는 것은 잘 알려져 있지만 관련 투자비용은 실용적인 응용을 막을 수 있다. 따라서 귀금속을 기본으로 하지 않는 저가의 조촉매가 바람직하다. 지금까지 여러 유형의 비 귀금속 조촉매가 NiO, MoS_2 및 WS_2를 포함하는 광촉매 반응에서 활성이 있다고 보고되었다[1].

광에 의해 생성된 전자(4.2 절)에 의한 물 환원 과정과의 경쟁은 광촉매 CO_2 감소가 물 분자가 전자 공여자 역할을 하는 수용성 환경에서 수행되기 때문에 큰 도전이다. 이런 단점은 노출면을 수정하고 새로운 반응면을 도입하여 광촉매 형태를 제어함으로써 해결할 수 있다. 하나의 구상은 광촉매 표면의 일부 특정 원자 배열이 H_2O 분자의 흡수보다 CO_2 분자의 흡수에 더 유리할 수 있다는 것이다.

광촉매 입자 크기를 줄이거나 보다 일반적으로는 광전극의 특정 표면적을 증가시키는 것은 CO_2 분자의 흡착을 위한 더 많은 활성 사이트를 제공함으로써 CO_2 광환원의 효율을 향상시킬 수 있다. 더 작은 입자 크기는 전하 운반자(전자 및 정공)를 광촉매 표면으로 이동시키는데 더 짧은 거리를 제공하기 때문에 또한 유익하다. 이러한 의미에서 나노 튜브 및 나노 막대와 같은 새로운 나노 물질은 큰 비표면적 및 독특한 전하 이동 경로로 인해 효율을 향상 시킬 수 있는 큰 가능성을 제공한다.

4.4. 광화학 반응기 설계

광촉매 CO_2 환원을 실용적인 규모로 수행하기 위해서는 광촉매 장치인 광 반응기에 광촉매를 포함시켜야 한다. 광 반응기는 물질 전달, 방사선 전달, 전하 분리, 전자 및 양자 전달, 제품 수집을 포함한 여러 기능을 수행하는 다기능 장치이다. 최적의 광 반응기 설계는 CO_2 광환원 효율을 향상 시키는데 중요하다. 가장 기본적인 구성에서 반도체 광촉매 마이크로 또는 나노 입자는 물에 현탁 한다. 이러한 배열에서 각각의 반도체 입자는 반응 중심으로서 작용한다. 전형적인 실험실 설치에서는 광촉매 입자를 함유하는 현탁액은 자기 교반기를 사용하여 연속적으로 혼합된다. 광조사는 UV 램프를 사용하여 완충장치에 공급되고 CO_2는 완충 장치을 통해 지속적으로 버블링 된다(그림 4.3[6]).

광생물 반응기 스케일업은 다중 광섬유를 사용하여 수행할 수 있는 보다 효율적인 광분배를 필요로 한다(그림 4.4[6]). 보여 준 예에서, 광촉매(TiO_2)는 광섬유의 외벽에 코팅 되었고 유체는 플러그-유속 분포를 형성하도록 지시되었다. 광섬유는 광 반응기 내에서 빛을 광촉매 표면으로 직접 전달한다. 광이 광섬유 내를 이동하면 광의 일부가 반사되어 광섬유를 따라 전송되고 나머지 광은 광촉매 층을 통과하여 여기된다. 이러한 구성은 전송 거리를 최소화함으로써 복사 전송 및 대량 전송의 동시 제어 측면에서 이점을 제공한다. 광섬유 사이의 거리가 짧기 때문에 반응물의 확산 길이를 줄여 물질 전달 저항을 낮춘다. 다중 광섬유의 사용은 반응 매질 내에서 개선된 광 분포를 허용한다. 이러한 개선은 광 반응기의 전력 밀도를 극적으로 증가시켜 투자 및 운전비용을 크게 낮출 수 있다.

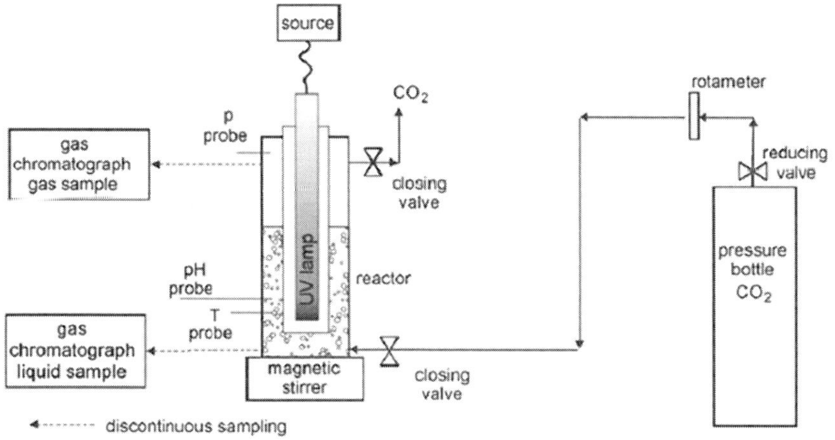

그림 4.3. 현탁된 촉매가 있는 회분식 광촉매 반응 장치[6].

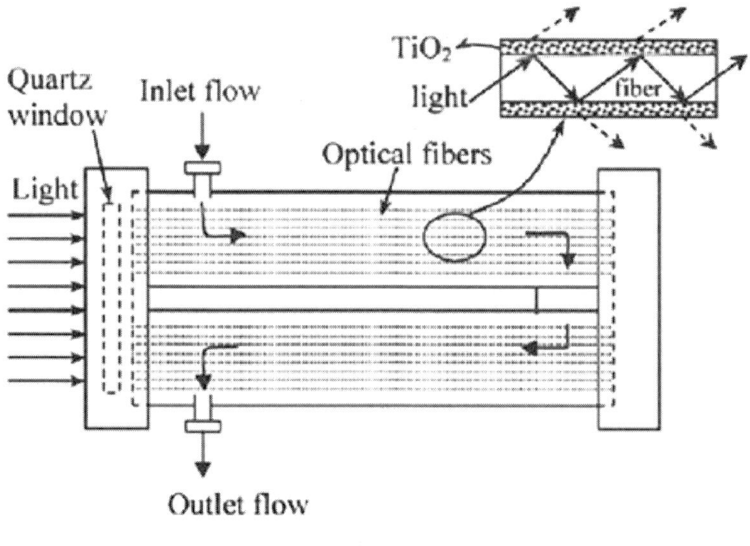

그림 4.4. 모노리스 광섬유 광촉매 반응기[6].

위에서 설명한 두 가지 구성에서 광촉매(입자 또는 층)는 CO_2 환원과 H_2O 산화가 동일한 표면에서 수행되는 반응 중심으로 작용한다. 또 다른 방안은 양성자 교환 막을 사용하여 이 두 공정을 분리하는 것이다(그림 4.5[3]). 이 설계에서 광 반응기는 양성자 교환막(Proton Exchange Membrane(PEM)), 연료 전지(Proton Exchange Membrane Fuel Cell(PEMFC))에서 사용되는 동일한 유형의 멤브레인인 Nafion과 같은 양성자 교환막(PEM)에 의해 2개의 구획으로 분할된 광전지 셀(Photo Electrochemical Cell(PEC))의 구성을 갖는다. 두 전극은 모두 광활성을 지니지만 반응은 다르다. 이 구성의 중요한 장점은 멤브레인이 양성자를 CO_2 환원 광전지 쪽으로 향하게 하여 양성자와 산소 사이의 역반응 가능성을 줄이는 것이다.

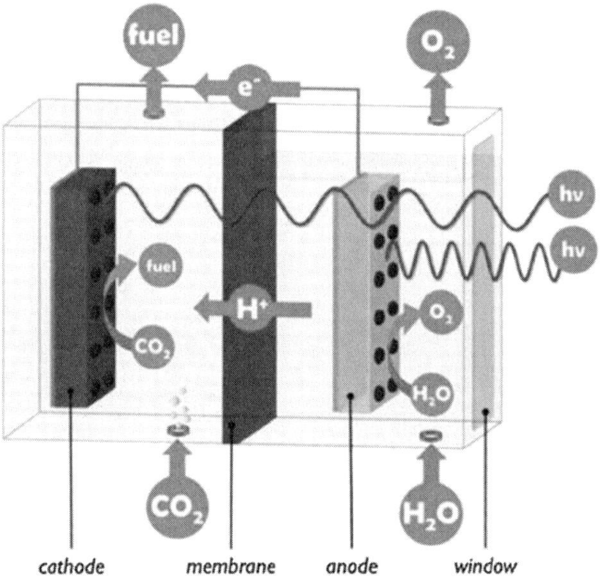

그림 4.5. 광양극, 광음극 및 양성자 교환막을 갖는 액상, 2-구획 PEC 셀의 개념도.

전자 전달은 외부 와이어를 통해 이루어진다(그림 4.5). 전극이 외부에 연결될 때 전류 수집 접점이 필요하고 반도체 전극과 환원 반응 및 산화 반응을 담당하는 촉매 부위 사이에 양호한 전자적 연결이 요구된다. 불행하게도 광촉매 활성 물질은 전형적으로 양호한 전기 전도체가 아니다. 전도성을 향상시키기 위해서는 전극 재료의 높은 품질을 보장하기 위해 나노 크기에서 신중하게 설계해야 한다. 이온 수송은 또한 전체 셀 성능에 제한을 부과한다. 양성자 교환 막(PEM)이 연료 전지에 오래 사용되어 왔고 양성자 전도 특성이 최적화 되었지만 막을 통과하는 양성자 수송의 고유한 한계가 있는데, 이는 일반적으로 금속선을 통한 전자의 수송보다 느린 속도 때문이다. 그림 4.5에 도시된 구성에서, 양성자는 막 표면에 도달하기 전에 전해질을 통해 확산되어야 하며, 추가적인 수송 제한이 부과된다. 액체 전해질에서, 낮은 pH에서의 작동은 양성자 전도성을 증가시키는 명백한 접근법이다. 그러나 반응 매질로서도 작용하는 액체 전해질의 산도를 변화시키는 것은 반도체 전극의 표면상의 촉매 중심의 산화 환원 특성에 영향을 미친다.

양성자 전달 거리는 광전기 화학 전지 성능에서 중요한 제한 요소이다. 액체 전해질을 통한 양성자 수송을 제거하기 위해 광촉매는 PEM 연료 전지에 사용 된 멤브레인-전극 조립체(Membrane-Electrode Assembly(MEA))와 유사하게 멤브레인상에 직접 증착 될 수 있다. 또한, 이중 기능 전극[4]의 사용으로 배선에서의 필요성을 제거 할 수 있다. 이러한 전극 조립체의 제조는 도전 과제이다. 반면에 셀의 단순한 구조는 실용적인 응용에 유리할 수 있다. 이러한 유형의 광 반응기에 대한 주요 도전 과제는 CO_2 환원 및 H_2O 산화에 대한 낮은 과전압을 갖는 광촉매를 확인하는 것이다. 그러한 촉매는 귀금속보다 오히려 풍부한 물질을 기초로 하는 것이 바람직하다. 이러한 구성에서 양성자-교환 막의 안정성 또한 중요하다.

어떤 형태의 광화학 반응기라도 광 조사가 필요하다. 따라서 셀 케이스는 투명하거나 태양 광 조명을 허용하는 창을 포함해야 한다. 이를 위해 이미 광전지 패널용으로 개발된 창문 재료 및 반사 방지 코팅을 사용할 수 있다. CO_2 광환원에 사용하기 위한 이러한 물질에 대한 추가 요건이 있다. 즉, 전해질과 접촉하면서 화학적으로 안정해야 한다. 조사 효율을 극대화하기 위해 광원과 반도체 광촉매 사이의 경로에 있는 물질은 최대한 투명해야 한다. 이 요구 사항은 광화학 반응기의 재료 선택을 제한한다. 그림 4.5에 표시된 구성의 경우, 두 광 전극이 모두 반도체를 포함 할 때, 광 음극은 광전지에 흡수 될 수 있는 더 긴 파장에 대해 투명해야 한다. 이 요구 사항은 광음극이 더 넓은 밴드 갭을 가져야 함을 의미한다. 양자택일로 셀은 양쪽에서 조명될 수 있지만, 이 접근법은 설계를 복잡하게 한다. 한 가지 가능한 방안은 그림 4.4에 표시된 구성에서와 같이 광섬유를 사용하는 것이다. 또 다른 방안은 특정 파장 범위에서 입사광의 최적 흡수를 위한 새로운 재료를 제공할 수 있는 나노 구조화이다. 여전히 반도체 광전극의 표면에 버블(bubble)이 형성되고, 금속 나노 입자에 기반한 조촉매(co-catalyst)에 의해 기생 광이 흡수되는 등의 단점이 있다.

4.5. 운영상의 제한사항 및 실제 운영 가능성

햇빛은 풍부한 재생 에너지원이다. 그러나 태양 에너지의 확산 및 과도 특성은 저장 및 운송을 위한 다른 형태의 에너지로의 전환을 필요로 한다. 현재 태양 에너지 변환을 위한 가장 확립된 방법은 광전지이다. 실리콘 싱글 접합을 기반으로 하는 상업용 광전지 셀은 일반적으로 전기로의 태양 에너지 변환 효율이 12-20%로 작동한다. 이론적 한계는 40%를 초과한다. 태양광 조사가 자유롭게 이용 가능하다는 것을 고려할 때, 광전지 기술은 큰 가능성을 가지고 있다. 그러나 전기를 에너지 운반자로 사용하려면 운송 및 보관을 위한 광범위하고 높은 투자비용 인프라가 필요하다. 합성 화학 물질과 연료의 화학 결합에 햇빛을 저장하는 것은 특히 CO_2가 탄소의 원천으로 이용되는 경우 매력적인 대안이다. 그러나 광촉매로 CO_2를 줄이는 것은 현실적으로 경제적으로 실행 가능한 기술로써 매우 도전적이다.

CO_2 광환원 과정에는 몇 가지 근본적인 한계가 있다. 이러한 제한으로 인해 햇빛 변환 효율이 매우 낮아진다. 현재 여러 방향이 탐구 중에 있다. 첫째, 새로운 헤테로 구조 광촉매의 개발이 가장 중요하다. 고효율의 광촉매는 적극적이고 CO_2 환원에 선택적이어야 하며 동시에 안정적이어야 한다. 광촉매 성능을 향상시키는 방법 중, 조촉매의 첨가가 효과적인 접근 방법으로 판명되었다. 그러나 조촉매 작용의 메카니즘은 이 방향으로의 추가 개발을 유도하기 위해 더 잘 이해되어야 한다. 고효율 광화학 반응기의 설계는 그다지 중요하지 않으며 실용적인 응용 분야에서 중요하다. 요약하자면 광촉매 이산

화탄소 감축 기술은 적어도 현 상태에서는 실용적인 규모로 구현하기가 다소 어렵다는 결론을 내릴 수 있다. 광촉매 개발, 광화학 반응기 설계 및 시스템 통합에 대한 추가 노력이 요구된다.

실험실 규모의 광화학 반응기의 성능이 크게 향상 될 수 있다고 하더라도 CO_2 광환원의 광범위한 상업화는 여전히 매우 어려울 것이다. 그 이유는 효율적인 방식으로 CO_2를 공급하는 것이 어려운 일이기 때문이다. 대기 중 이산화탄소 농도가 낮기 때문에 대기 중 이산화탄소의 사용은 아마도 선택 사항이 아니지만(약 400 ppm), 이 접근법은 국소화되고 소규모로 적용될 수 있다. 연소 배연가스, 바이오 가스 및 매립 가스와 같은 CO_2를 함유 한 산업 및 농업 폐기물 흐름망을 이용하는 것이 훨씬 더 실용적이다. 그러나 이러한 공급 원료는 순수한 CO_2 흐름이 아니며 다른 화합물과 불순물이 광화학 전지 성능에 어떤 영향을 미치는지 분명하지 않다. 또한, 희석 된 흐름망을 사용하면 더 큰 광화학 반응기가 필요하므로 투자 및 운전비용이 높아진다. 이산화탄소 함량을 높이고 광촉매를 독성으로 만들 수 있는 불순물을 제거하기 위해 항상 사전 농축 및 정화 방안이 있지만 공정에 추가 비용이 추가된다. 순수한 CO_2 흐름이 제공 될 수 있다고 하더라도, 셀 성능은 여전히 물에서의 CO_2의 낮은 용해도(표준 온도 및 압력에서 순수 CO_2 하에서 ~ 34 mmol/L)에 의해 크게 제한될 것이다.

References

1. Li K, An X, Park KH, Khraisheh M, Tang J(2014), A critical review of CO_2 photoconversion: catalysts and reactors. Catal Today 224:3–12.
2. Chen Y, Lewis NS, Xiang C(2015), Operational constraints and strategies for systems to effect the sustainable, solar-driven reduction of atmospheric CO_2. Energy Environ Sci 8:3663–3674.
3. Ronge J, Bosserez T, Martel D, Nervi C, Boarino L, Taulelle F, Decher G, Bordiga S, Martens JA(2014). Monolithic cells for solar fuels. Chem Soc Rev 43:7963–7981.
4. Kumar B, Llorente M, Froehlich J, Dang T, Sathrum A, Kubiak CP(2012), Photochemical and photoelectrochemical reduction of CO_2. Annu Rev Phys Chem 63:541–569.
5. Najafabadi AT(2013), CO_2 chemical conversion to useful products: An engineering insight to the latest advances toward sustainability. Int J Energy Res 37:485–499.
6. Liu G, Hoivik N, Wang K, Jakobsen H(2012), Engineering TiO_2 nanomaterials for CO_2 conversion/solar fuels. Sol Energy Mater Sol Cells 105:53–68.

제 5 장 이산화탄소의 생물학적 전환

온실 가스를 부가가치 원료로 전환하는 개념으로 CO_2를 활용하는 것은 최근 몇 년 동안 주목을 끌고 있다. 지속 가능하고 경제적으로 실행 가능한 경로를 찾기 위해 과학자와 엔지니어는 주로 열 촉매, 전기 촉매 또는 광촉매 중 하나의 화학 전환 방법에 중점을 두었다. 그러나 광합성 생물체는 2 억년이 넘는 기간 동안 이산화탄소와 물을 유기 물질로 전환하고 있다. 이 광대한 기간 동안 복잡한 생물 분자에 대한 정교하고 동시에 강력한 CO_2 고정 메커니즘이 진화되었다. 생물학적 이산화탄소 전환을 통해 생산될 수 있는 다양한 가치 있는 화학 물질 중에서 가장 주목할 만한 것은 아마도 바이오-알콜 및 바이오-디젤이다. 지구상과 해양 광합성 생물은 현재 화학 산업에서 사용되는 CO_2 흐름(주로 우레아와 메탄올의 합성 및 안료와 탄산염의 생산)과 비교하여 연간 100 Mt가 넘으며 이산화탄소의 연간 100 Gt 이상이 바이오매스(Biomass)로 전환 된다. 이 거대한 자원은 잠재적으로 재생 가능 연료와 화학 물질로의 CO_2 전환을 위한 파괴적인 기술이 될 수 있다.

그러나 바이오매스를 재배하고 수확하는 것은 에너지 집약적이다. 바이오매스를 유용한 제품으로 전환시키기 위해서는 높은 투자 및 운전비용이 필요하다. 생물학적 광합성은 낮은 효율의 과정이다. 인공장치(광전지)는 태양 에너지를 직접 전력으로 변환할 수 있지만 효율은 10 ~ 40%이며, 광합성 효율은 대개 1% 미만이다. 태양광을 바이오매스로 전환시키는 이러한 낮은 효율은 태양광 조사를 수집하는데 필요한 매우 큰 영역을 의미한다. 반면에, 생물체는 수십억 년 동안 진화해 왔으며, 이미 이산화탄소를 매우 특정한 제품으로 전환시키는 강력한 생화학 기계를 가지고 있다. 또한 유전 공학, 대사 공학 및 합성 생물학은 광합성 효율 향상을 위한 도구를 제공한다.

바이오 연료 생산을 위한 고전적 접근법은 바이오매스(예 : 옥수수, 사탕수

수 또는 리그노 셀룰로오스)를 경작 및 수확 한 다음 하류 공정 및 분리를 통해 관심 화합물을 추출하는 것이다. 예를 들어, 바이오 에탄올은 발효의 산물인 물과 에탄올의 혼합물로부터 증류로 분리된다. 불행하게도, 재배된 바이오매스의 수확, 운송 및 가공은 기반 시설 및 운영비용 측면에서 상당한 투자를 필요로 하기 때문에 바이오 연료는 상대적으로 비싸다. 그럼에도 불구하고 그러한 기술은 잘 발달되어 있으며, 전세계 많은 국가의 운송 연료 인프라의 통합된 부분이 되었다.

대안적인 경로는 정해진 환경, 즉 바이오 반응기 내에서 제어 가능한 방식으로 원하는 바이오 연료를 직접 생산하는 CO_2 고정 미생물을 사용하여 바이오매스 처리 및 발효를 우회하는 것이다. 이 접근법에서 생물학적 CO_2 고정은 햇빛에 의존할 필요는 없다. 광조사는 인공원을 사용하여 제공될 수 있다. 또한, 광자의 에너지를 분자 에너지 운반자(Adenosine Triphosphate(ATP)) 및 Nicotinamide Adenine Dinucleotide Phosphate(NADPH))로 변환시키는 광반응들이 CO_2를 탄수화물로 환원시키는 어두운 반응과 분리될 수 있다. 이러한 접근법은 단세포 또는 다세포의 생물학적 유기체의 동일한 세포에서 빛과 암흑 반응이 일어나는 자연 광합성과는 다르다. 지속 가능성을 위해 인위적으로 통제된 생물학적 CO_2 감소를 유도하는데 필요한 에너지는 태양광 조사로부터 비롯된 것이다. 실제 적용의 경우, 미생물을 이용한 CO_2 고정 과정은 바이오 반응기 또는 광 바이오 반응기 내에서 제어 가능한 방식으로 수행되어야 한다.

이 장에서는 미생물을 이용하여 농축된 CO_2를 적극적으로 이용하여 생물학적 연료 및 화학 물질 생산에 대한 최근의 발전에 중점을 두고 있다. 이 방법을 식물(또는 연못에서 자란 조류)이 공기에서 이산화탄소를 추출하는 기존의 바이오 연료 생산과 차별화하는 것이 중요하다. Ralstonia eutropha와 같이 광물 기원의 환원된 화합물로부터 에너지를 유도하는 석회 영양 생물(lithoautotrophic organisms)을 사용하는 비 광합성 과정뿐만 아니라 조류(algae)와 시아노 박테리아(cyanobacteria)를 사용하는 광합성 과정은 윤곽이 잡혀으며, 도전과 기회가 논의되어 진다.

5.1. 미생물을 이용한 CO_2의 생물학적 고정

에탄올, 부탄올, 알칸 및 지질을 포함한 독립 영양 미생물(autotrophic microorganisms)에 의해 다양한 화합물을 직접 생성할 수 있다. 독립영양체(autotrophs)는 햇빛(광합성) 또는 화학 반응(화학합성)을 사용하여 복잡한 유기 화합물을 생산한다. 대사 경로는 그림 5.1[1]에 요약되어 있다. 가장 매력적인 미생물 중에는 엄청난 양의 지질을 축적 할 수 있는 미세 조류가 있어 직접 바이오 디젤 생산을 위한 완벽한 후보자가 된다. 조류 기반 바이오 연료는 부분직으로 석유를 대체할 잠재력을 가지고 있지만 생산 비용은 여전히 상용화를 위해 너무 높다고 제안되었다.

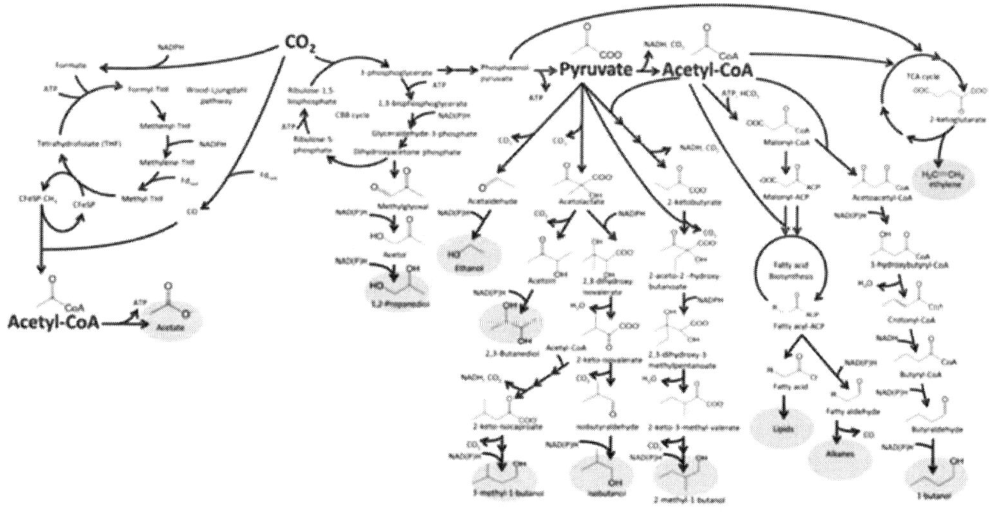

그림 5.1. 독립 영양 미생물을 이용한 바이오 연료 및 생화학 합성을 위한 대사 경로.

CBB 주기는 Calvin-Benson-Bassham 주기를 나타내고, TCA 주기는 tricarboxylic acid cycle을 나타내며, ACP는 acyl carrier protein을 나타낸다.

이 방향에서의 연구는 주로 지질 축적 수준이 가장 높은 미세 조류 종의 분리 및 선발, 빠른 성장률 및 높은 광 이용 효율에 중점을 두었다. 최근 게놈 시퀀싱과 분자 생물학(genome sequencing and molecular biology)의 발전으로 가까운 장래에 대사 공학이 가능해질 수 있다. 그러나 진핵 생물(eukaryotic organisms)의 대사 공학은 매우 도전적이다.

시아노박테리아(cyanobacteria)는 원핵 미생물(prokaryotic microorganisms)이기 때문에 유전자 조작이 덜 어렵다. 또한 연료와 화학 물질은 지질 합성 경로를 거치지 않고 직접 광합성 생물에 의해 생산될 수 있다. 최근 합성 경로가 시아노박테리아 대사에 도입되어 에탄올과 부탄올을 비롯한 다양한 화학 물질이 생성되었다. 시아노박테리아는 또한 다양한 알칸을 생산 한다는(그림 5.1) 해당 유전자가 최근에 밝혀졌다[1]. 시아노박테리아의 신진 대사 공학은 미세조류보다 간단하지만, 이미 산업 규모인 원핵생물(박테리아)(prokaryotes (bacteria))에 활용된 다른 것보다 여전히 도전적이다.

CO_2 동화 작용(CO_2 assimilation)을 하는 유기체는 광합성 유기체(식물, 조류, 시아노박테리아)에 국한되지 않는다. 그림 5.2에서, 산업 규모의 바이오 공정에서 잠재적으로 구현될 수 있는 가장 광범위하게 연구된 CO_2를 이용하는 미생물이 proteobacteria, clostridia 및 archaea를 포함하여 요약되어 있다. 이러한 미생물은 서로 다른 이산화탄소 고정 경로와 이산화탄소 이용을 위한 자체 구현의 장점과 단점을 가지고 있다. 우려 사항은 성장 특성, 열적 안정성 및 저해제 내성이다. 또한, 이러한 미생물의 대부분은 먼저 원하는 화학 물질의 생산을 위해 최적화되어야 한다. 도구에는 유전 및 대사 공학 및 합성 생물학이 포함된다.

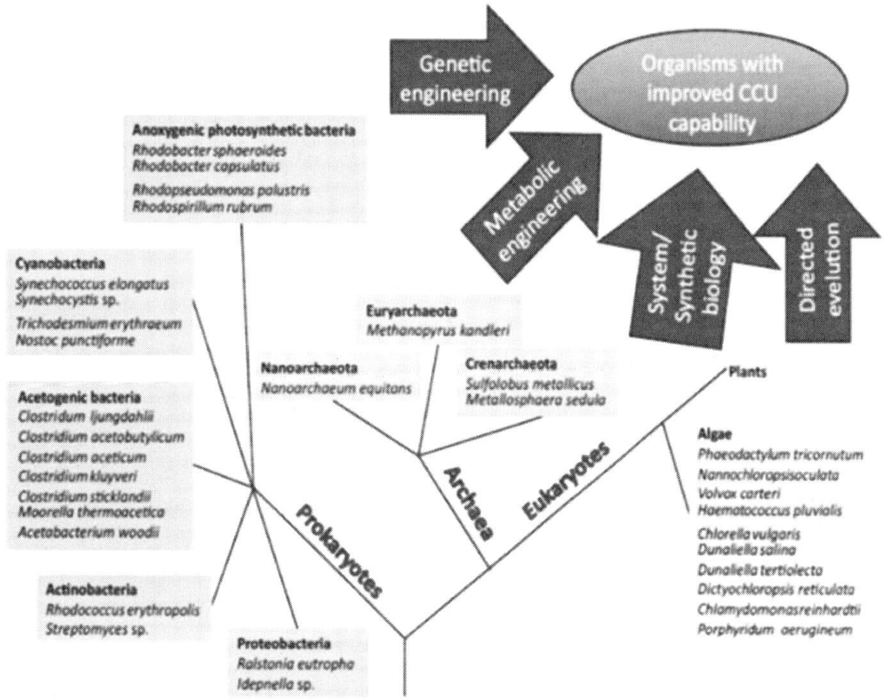

그림 5.2. CO_2 고정이 가능한 생물의 요약[2].

5.2. 합성 생물학

합성 생물학은 생명 공학, 시스템 생물학, 분자 생물학, 유전 공학, 신진대사 공학, 생물 물리학 및 컴퓨터 공학을 포함한 수많은 분야를 결합한 학제간 연구이다. 합성 생물학은 생명을 창조할 수 있는 완전 합성 생물학 시스템을 구축한다는 궁극적인 목표를 가지고 인공적으로 변형된 미생물을 만들기 위해 위에서 언급한 분야를 통합한다. 이 궁극적인 장래의 목표를 염두에 두고, 연구는 합성 화학 물질 생산과 같은 바람직한 기능을 수행하는 방식으로 생물체를 프로그램하는 방법을 모색한다.

미생물은 종종 합성 연료의 생산을 위한 직접 적용을 제한하는 많은 제약이 있다. 이러한 제한에는 성장 속도가 느리고 재배 조건이 어려우며 제품 수율이 낮다. 합성 생물학의 도움으로 생화학적 메커니즘의 변경이나 새로운 대사 경로의 도입으로 미생물을 조작하여 원하는 생산물을 최대화 할 수 있다 화합물. 최근의 단백질, 유전 및 대사 공학 및 시스템 생물학의 진보와 함께 합성 생물학은 궁극적으로 경제적으로 실행 가능하도록 바람직한 생물학적 과정을 향상시키는 강력한 도구가 될 수 있다. 최근 몇 년 동안 합성 생물학은 CO_2를 합성 재생 가능 연료로 생물학적으로 전환시키는 데 필요한 공학 도구가 되었다.

주목할 만한 예로는 Escherichia coli와 Saccharomyces cerevisiae가 있다. 그람 음성균, 종속 영양 세균 Escherichia coli는 단순한 재배 조건, 높은 성장률, 특히 이용 가능한 유전 공학 도구의 광범위한 문헌들로 인해 CO_2의 생물학적 전환을 위해 가장 많이 연구된 미생물 중 하나이다. Escherichia coli에서 특정 효소를 발현시킴으로써 생물학적으로 CO_2를 고정할 수 있게 되었다. 유전 공학으로 인해 광합성으로 축적된 바이오매스를 귀중한 화학 물질(예: 갈조류)로 전환하는 것이 가능하다. 조류 이용과 관련된 주요 문제점 중 하나는 기존에 사용된 미생물이 다당류인 알지네이트(alginate)(갈색 조류의 세포벽의 주요 구성 요소 중 하나)를 대사 할 수 없다는 점이다. 대장균에서 알긴산 대사에 관여하는 효소의 발현을 암호화함으로써, 갈색 조류 바이오매스로부터 에탄올을 생산할 수 있다[2]. 가장 널리 연구된 진핵 생물 모델 미생물 중에는 Saccharamyces cervisiae 종이 CO_2 고정 효소의 합성 발현에 보고된 효모 종이다.

5.3. 생물학적 전기 연료

재생 가능한 화학 물질 생성을 위한 이상적인 과정은 재생 가능한 연료와 플랫폼 화학 물질을 합성하기 위해 이산화탄소의 햇빛 에너지와 탄소를 직접 사용해야 한다. 광합성 미생물은 이미 이러한 능력을 가지고 있다. 광합성에서는 태양광 조사량을 생화학적 에너지로 변환시키는 광반응(light reactions)이 하나의 생물학적 세포내에서 에너지를 사용하여 복합 분자로 전환되는 암흑반응(dark reactions)과 결합한다. 생물학적 전기 연료의 개념은 생물학적 광반응을 광전지와 같은 인위적 장치로 대체하여 공간에서 빛과 암흑 반응을 분리하는 것에 기반 한다. 광자(광조사)는 먼저 대사 공학 경로를 사용하여 생물학적 CO_2 전환을 유도하는 전자(광전지 전기)로 변환된다.

이 접근법의 가장 중요한 장점 중 하나는 전기로 변환된 간헐적인 태양(또는 풍력) 에너지가 배터리의 전기 저장 장치의 대안으로 어두운 반응을 유발하는데 활용 된다는 것이다. 암흑 반응은 대량의 대규모 바이오 반응기에서 수행될 수 있으며, 빛 이동 제한으로 인해 광 바이오 반응기에서 필요성이 없어지며, 따라서 중규모에서 소형으로 제한된다. 또한, 생물학적 연료의 생산은 잠재적으로 연료와 화학 물질로의 태양 에너지 전환 효율을 향상시킬 수 있다. 그 이유는 광합성이 매우 낮은 효율을 가지고 있어 햇빛의 작은 부분(3-6%)만 바이오매스로 전환시키기 때문이다. 반면 태양 전지와 같은 인위적 장치는 일사량을 10 ~ 40%의 효율로 전기로 변환할 수 있다. 따라서 토지 요구량이 크게 감소할 수 있다.

생물학적 전기 연료의 또 다른 장점은 CO_2의 생물학적 고정이 광합성 생물체에 더 이상 제한되지 않는다는 점이다. 석회 영양성 미생물(Lithoautotrophic microorganisms)(미네랄 기원의 환원 된 화합물로부터 에너지를 끌어내는 미생물)은 지금 탐구될 수 있다. 석회 영양 생물은 다양한 생리적 특징과 다양한 신진 대사 경로를 가지고 있어 재생 가능한 합성 연료 및 화학 물질 생산을 위한 여러 방면을 제공한다. 광합성 미세 조류와 시아노박테리아는 Calvc-Benson Bassham(CBB)주기를 CO_2 고정에 독점하는 반면, 석영 영양 식물 미생물(lithoautotrophic microorganisms)은 다양한 효율을 갖는 다양한 CO_2 고정 경로를 이용한다(그림 5.2). 예를 들어 Wood-Ljungdahl 경로는 수소를 전자 공여자로 사용하고 이산화탄소를 전자 수용체로 사용하고 생합성을 위한 빌딩 블록으로 CO_2를 포름산 및 포르밀 및 메틸 그룹으로 환원시키기 위해 일부 세균 및 고세균(bacteria and archaea)에 사용된다. 흥미로운 사실은 최근의 몇몇 연구는 이 경로가 모든 생물체의 마지막 공통 조상(Last Universal Common Ancestor(LUCA))에 의해 사용되었다는 것을 제안한다.

미생물에 전자를 전달하는 것은 전극으로부터 직접적으로 또는 전자 매개체를 통해 간접적으로 일어날 수 있다(그림 5.3[1]). 조기 연구에 따르면, 일부 미생물, 예를 들어, 지오박터 메탈리덴슨스(Geobacter metallireducens) 및 메타노박터 메타노박테리움 팔라스트(Methanobacter Methanobacterium palustre)는 전극으로부터 전자를 직접 받아들일 수 있기 때문에 전자 수용성 미생물 생물막을 음극위에 성장시킬 수 있다. 더 최근의 연구는 Sporomusa 종, Clostridium 종 및 Moorella thermoacetica를 포함한 광범위한 미생물이 높은 전류 효율과 상대적으로 낮은 과전압으로 전극에서 직접 전자를 받아들일 수 있는 것으로 확인하여 CO_2에서 아세테이트와 같은 화합물을 생산했다[1]. 이러한 모든 발전은 재생 가능한 전기 및 CO_2로부터 합성 연료를 생성하기 위한 직접적인 전자 전달 접근법의 가능성을 나타낸다.

또한 전자는 전자 캐리어를 통해 수용액에 분산된 미생물에 전달 될 수 있다(그림 5.3). 실용적인 관점에서 볼 때, 이러한 담체는 수소(H_2) 및 포름산(HCOOH)과 같은 환경 친화적인 저비용 분자여야 한다. 수소는 광촉매 물 분해 및 심지어 원위치에서, 즉 미생물 배양물을 함유하는 바이오 반응기 내에서 생성될 수 있다. 재생 가능한 H_2(현재 4-7 $/kg)의 비용이 천연가스 개질(1-2 $/kg)을 통해 생산된 H_2의 비용에 근접함에 따라 경제성이 유망해 보인다. 그러나 수용성 환경에서 용해도가 낮기 때문에 수소가 매우 중요한 물질 전달 한계를 야기하기 때문에 아마도 최선의 선택은 아니다. 이 화학 물질은 물에 잘 녹으며 표준 조건에서 액체이기 때문에 쉽게 처리 할 수 있으므로 개미산이 더 나은 선택일 수 있다. 또한, 포름산계 대사 경로는 다양한 미생물에 의해 이용된다. 일반적으로 비용이 적게 들고 독성이 없으며 다루기 쉬운 전자 운반자를 확인하는 것이 매우 바람직하다.

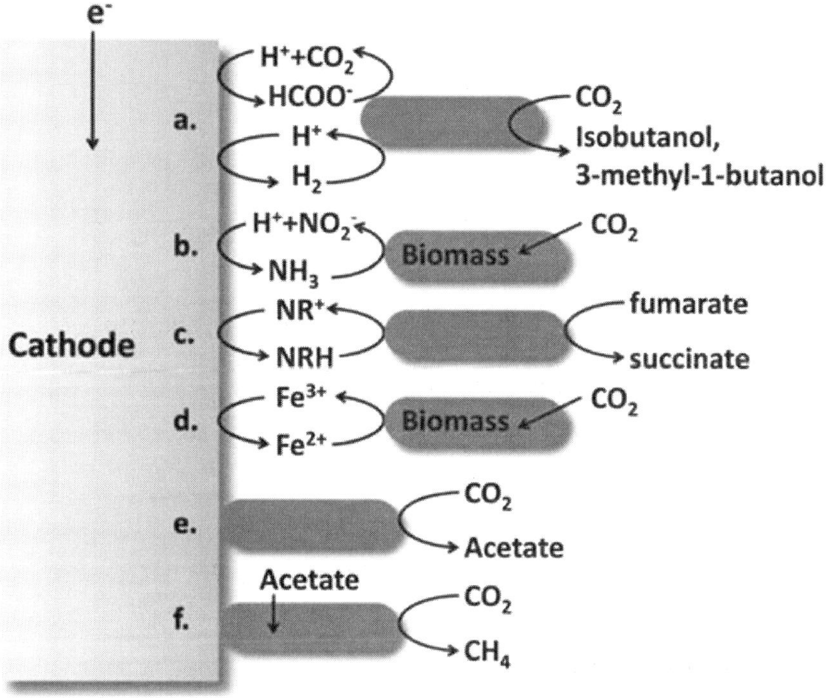

그림 5.3. 미생물에 전자를 전달하는 직접 및 간접적인 방법.

비록 생물학적 전기 연료가 대규모로 구현된다면 잠재적으로 CO_2 배출을 현저하게 감소시키는 반인공적 탄소 순환을 만들 수 있지만, 질소 순환을 폐쇄하는 것은 여전히 어려운 과제이다. 미생물을 지원하는데 필요한 많은 영양소 중 암모늄(환원 된 질소 형태)은 아미노산(단백질 빌딩 블록)과 뉴클레오티드(RNA와 DNA 블록을 구성하는 요소)의 필수 성분이기 때문에 가장 많은 양이 필요하다. 시아노박테리아와 같은 일부 미생물은 공기로부터 N_2를 고정시키는 능력을 갖는다. 그러나 생물학적 전기 연료 응용과 관련된 대부분의 미생물은 N_2를 고정시킬 수 없다. 농업 분야에서, 대규모 산업 공장에서 생산된 암모늄(Haber-Bosch 공정을 통해)은 비료를 통해 공급된다. 생물학적 전기 연료 생성 과정에서 질소 순환을 막기 위해 잔류 바이오매스를 질소원으로 사용할 수 있다(그림 5.4). 이 접근법은 조류 바이오매스와 같은 재생 가능한 자원의 사용을 허용한다.

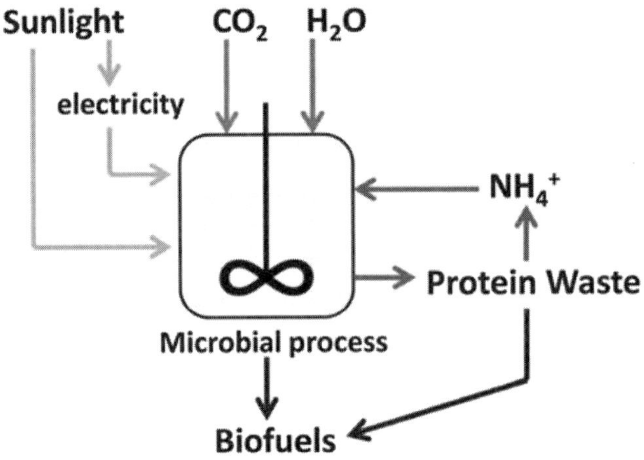

그림 5.4. 바이오 연료 생산 시스템을 위한 질소 재활용.

5.4. CO_2의 생물학적 수소화

H_2와 CO_2로부터 생물학적 재생 가능한 합성 연료를 생산하기 위한 일반적인 계획이 그림 5.5에 제시되어 있다. 수소는 적합한 전자 수용체(A)와 공여체(D)의 존재하에서 분자 수소를 양성자로 가역적으로 산화시키는 촉매 수소 효소에 의해 활성화 된다.

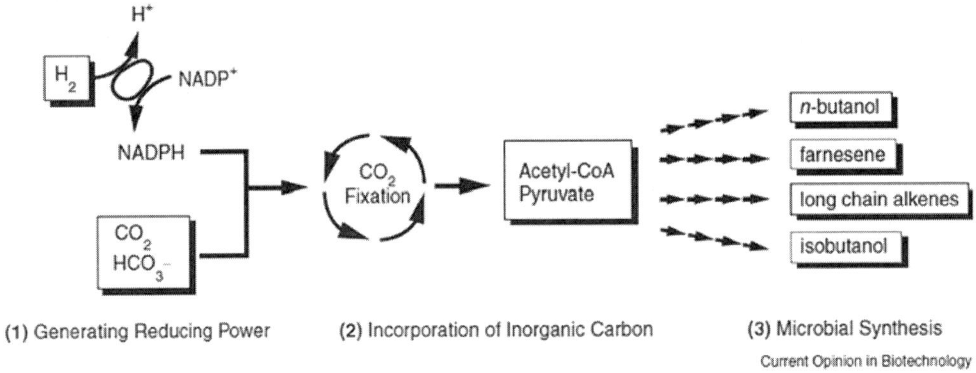

그림 5.5. 전기 연료 형성에 관련된 주요 생화학 모듈의 개략도.

세포 내 환원력은 수소 효소를 통해 수소 가스로부터 생성된다. 탄소 고정 주기는 주요 중간체를 통해 무기 탄소를 중앙 대사에 도입한다. 표적 연료 분자의 미생물 합성은 내인성 및/또는 조작 된 대사 경로를 통해 진행된다.

$$\begin{aligned} H_2 + A_{ox} &\rightarrow 2H^+ + A_{red} \\ 2H^+ + D_{red} &\rightarrow H_2 + D_{ox} \end{aligned} \tag{5.1}$$

수소 산화는 산소, 질산염, 황산염, 푸마레이트(fumarate) 및 중요하게는 CO_2와 같은 전자 수용체의 환원과 결합된다. 양성자 감소 반응은 페룰독신(phenoxoxin)과 같은 전자 공여체의 산화와 결합하여 세포내 과잉 전자를 처리하는 과정으로, 피루브산 발효에 필수적인 과정이다(그림 5.5). 수소화 효소는 활성 부위의 금속 원자에 의해 [NiFe]-하이드로게나제([NiFe]-hydrogenases), [FeFe]-하이드로게나제([FeFe]-hydrogenases) 및 [Fe]-하이드로게나제([Fe]-hydrogenases) [3]로 분류 될 수 있다. 수소화 효소와 전자 캐리어의 유형은 CO_2 고정 경로가 탄소 플럭스와 함께 환원제의 획득을 조정할 필요가 있기 때문에 매우 중요하다.

유망한 방향 중 하나는 혐기성 조건에서 메탄(CH_4)을 대사 부산물로 생성하는 미생물인 메탄 생성원(methanogens)의 사용이다. 이 미생물(고유의 고고학적 영역에 속함)은 습지, 해양 퇴적물 및 동물의 소화관에서 흔히 볼 수 있다. 메탄 생성원 수용체로서 CO_2를 이용할 수 있는 능력을 가진 것으로 알려져 있으며, 일부 미생물은 H_2를 전자 공여체로 이용하는 유기 탄소원 없이 H_2와 CO_2의 혼합물로부터 CH_4를 생산할 수 있다. CO_2의 생물학적 전환의 전반적인 반응은 다음과 같이 요약 할 수 있다.

$$CO_2 + 4H_2 \rightarrow CH_4 + 2H_2O \tag{5.2}$$

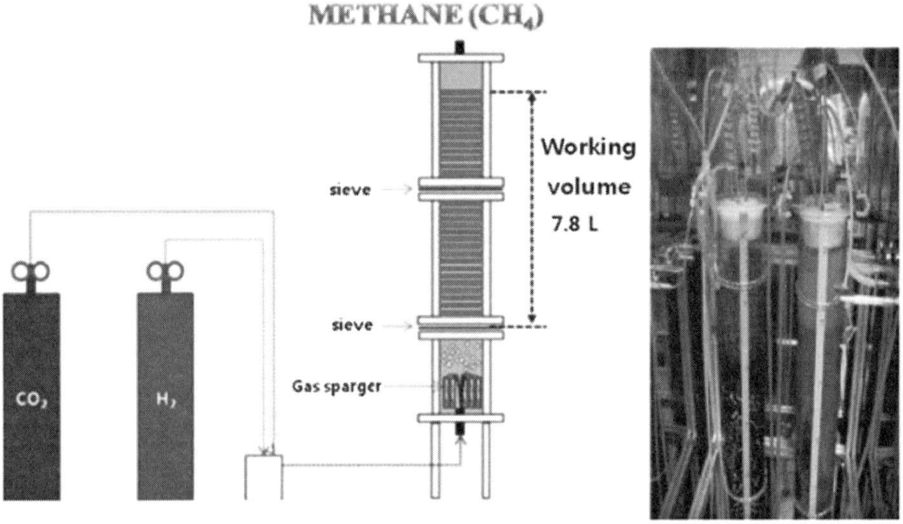

그림 5.6. 고정 된 생물 반응기에서의 CO_2에서 CH_4로의 생물학적 전환을 위한 실험 장치.

5.5. 도전과 기회

방대한 양의 이산화탄소를 이용하는 미생물의 이용 가능성과 유전 공학, 대사 공학 및 합성 생물학과 같은 도구를 통해 이러한 미생물을 변형시키는 능력은 다양한 생물 기반 제품의 생성 기회를 제공하면서 동시에 CO_2을 포함하는 폐기물의 공급망을 활용 한다. 이 경로는 현재의 화석 연료 기반 화학 산업에 대한 지속 가능한 대안이다. 그러나 CO_2 고정의 생물학적 경로를 경제적으로 실행 가능하고 널리 상업화할 준비를 하기 위해서는 많은 어려움을 극복해야 한다. 이 목표를 달성하려면 과학자, 엔지니어 및 정부가 협력해야 한다. 실험실 개념 증명을 산업 규모로 확대하기 위해 엔지니어링이 필요하다. 정부의 개입은 실질적인 실현을 가능하게 하는 인프라와 정책을 제공하는 것이다.

현재, 농축된 CO_2 흐름의 생물학적 고정을 위한 가장 경제적으로 실행 가능한 선택은 미세 조류로부터의 바이오 연료 생산이다. 미세 조류의 대규모 재배 기술은 이미 상당한 진전이 이루어졌다. 그러나 대부분의 노력은 열린

연못에서의 조류 성장에 초점을 맞추어 대기 중 이산화탄소를 탄소의 공급원으로 사용했다. 이 접근법은 지속 가능한 미래와 관련성이 높지만, 이 책은 대기 중 이산화탄소가 아닌 농축된 이산화탄소 흐름의 활용에 중점을 둔다. 동일한 이유로, 옥수수 및 사탕수수와 같은 작물에서의 바이오에탄올 생산에 대한 논의는 여기에서 생략된다. 입증된 장치(바이오 반응기)에서 CO_2 고정 미생물의 구현에 관한 논의를 계속하기 전에, 미세 조류 성장 및 작물의 농업 재배를 위한 개방된 연못의 고유한 단점은 대규모 토지 요건이라는 것을 언급 할 가치가 있다. 그 이유는 대기 중 이산화탄소 농도가 낮고, 식물 성장 속도가 느리고, 연못의 바이오매스 농도가 낮기 때문이다.

논의와 더 관련성이 있는 또 하나의 미세 조류 성장 옵션은 광바이오 반응기(photobioreactor)의 사용이다. 개방형 연못은 설계 및 건설이 간단하지만 표면적이 크고 바이오매스 생산성이 낮으며 오염이 심하다. 광바이오 반응기(photobioreactor)를 사용하여 정해진 환경에서 미세조류(Microalgae)재배는 이러한 문제를 해결하지만 자본 투자 및 운영비용이 높으며 바이오 연료의 생산 비용에 영향을 미친다. 여전히 광바이오 반응기는 산업 배연 가스와 같은 농축된 CO_2 공급망의 이용을 허용한다. 광바이오 반응기의 설계에서 주요 과제 중 하나는 빛의 전달 효율이다. 산소 피독과 불충분한 열 제거 또한 우려된다. 불충분한 조사는 열악한 성장을 초래하고, 과도한 광도는 광억제를 유도한다. Cyanobacteria는 또한 광바이오 반응기에서 재배 될 수 있다. 광바이오 반응기의 설계에 대한 자세한 내용에 관심이 있는 독자는 이 주제에 대한 몇 가지 우수한 리뷰를 참조한다[5-7].

석회 영양 생물학 미생물에 기반한 생물학적 CO_2 고정 경로의 공정 공학에서 훨씬 적은 진보가 이루어졌다. 지금까지 수행된 대부분의 연구 작업은 대규모 구현의 실용적인 측면을 고려하지 않고, 실험실 수준의 개념 증명(proof-of-concept)에 관한 것이었다. 이론적으로 H_2와 CO_2를 직접 활용할 수 있다면 대량 바이오 반응기에서 석회 영양성 미생물(lithoautotrophic microbes)이 자랄 수 있어야 한다. 가스는 고정된 미생물이 있는 분산된 배양 물이나 고정층을 통해 간단히 버블될 수 있다. 그러나 재배 조건을 최적화하고 원하는 제품의 수율을 극대화하기 위해서는 많은 작업이 필요하다.

CO_2를 연료 또는 화학 물질로 전환하기 위한 새로운 생물학적 경로는 실제 구현 가능성에 대해 평가되어야 한다. 실행 가능한 대규모 프로세스로의 최종 변환은 간단하지 않으며 반드시 성공할 필요는 없다.

생물학적 CO_2 전환 유형에 관계없이 성공적인 구현을 위해서는 일반적인 설계 사항을 고려해야 한다. 우선 촉매 선택이 열, 전기 및 광 촉매가 아닌 비 생물학적 경로에 중요하기 때문에 적절한 변형 선택이 중요하다. 세포 밀도, 성장 특성, CO_2 고정률, 제품 유형 및 생산량 등과 같은 매개 변수는 신중하게 고려해야 한다. 둘째, 생물 반응기의 적절한 선택이 이루어져야 한다. 비 생물학적 경로와 마찬가지로 방안으로는 배치 생물 반응기 및 연속 교반 탱크, 고정층 생물 반응기 및 광생물 반응기를 사용한 연속 작동이 있다. 생물학적 전기 연료의 경우, 생물 반응기는 전자가 CO_2 고정 미생물에 효율적으로 공급되도록 설계되어야 한다. 기술 측면 이외에도 연구 자금 조달, 정부 정책 및 CO_2 활용에 대한 인센티브와 관련된 중요한 요소가 있다.

참고문헌

1. Li H, Liao JC(2013). Biological conversion of carbon dioxide to photosynthetic fuels and electrofuels. Energy Environ Sci 6:2892 - 2899.
2. Jajesniak P, Ali HEMO, Wong TS(2014), Carbon dioxide capture and utilization using biological systems: opportunities and challenges. J Bioproces Biotechniq 4:1000155.
3. Hawkins AS, McTernan PM, Lian H, Kelly RM, Adams MW(2013), Biological conversion of carbon dioxide and hydrogen into liquid fuels and industrial chemicals. Curr Opin Biotechnol 24:376 - 384.
4. Lee JC, Kim JH, Chang WS, Pak D(2012), Biological conversion of CO_2 to CH_4 using hydrogenotrophic methanogen in a fixed bed reactor. J Chem Technol Biotechnol 87:844 - 847.
5. Chisti Y(2013), Constraints to commercialization of algal fuels. J Biotechnol 167:201 - 214.
6. Kumar K, Dasgupta CN, Nayak B, Lindblad P, Das D(2011), Development of suitable photobioreactors for CO_2 sequestration addressing global warming using green algae and cyanobacteria. Bioresource Technol 102:4945 - 4953.
7. Wijffels RH, Barbosa MJ(2010), An outlook on microalgal biofuels. Science 329.

제 6 장 오일 회수 증진에 이산화탄소의 사용 및 탄소에서 포집 및 격리

1. 서론

에너지 및 환경 문제는 오늘날 세계가 직면한 중요한 문제이다[1,2]. 일부 해결책으로 재생 에너지 생산 및 에너지 보존 기술이 포함되어 있지만 비용과 에너지 공급 문제로 인해 상업적으로 적용되기까지 상당한 시간이 필요하다. 결과적으로, 화석 연료는 1차 에너지에 대한 상당한 양적 기여로 인해 단기 및 중·장기적으로 에너지 공급을 여전히 지배할 것으로 예상된다. 그러나 많은 대형 유전이 고갈되고 새로 발견되는 석유 매장량은 감소하고 있다. 이것은 유가 상승과 원거리 지역, 극지방 및 심해 지역과 같은 경계 지역의 새로운 유전 개발로 이어진다. 결과적으로 석유 생산과 관련된 위험이 증가하고 있다. 멕시코만 유류 유출 사건과 같은 여러 사건이 이미 발생했으며 심각한 환경 파괴를 야기할 수 있다.

화석 연료의 사용은 대기 중 이산화탄소 농도를 증가 시켰고, CO_2에 의해 유도된 온실 효과는 기후 변화를 이끌었다. 에너지 공급 필요성 외에도 CO_2 배출량 감소는 에너지 자원 및 지구 온난화의 감소를 줄이기 위한 전 지구적 도전 과제이다.

안정적인 에너지 공급과 이산화탄소 배출 저감을 위한 두 가지 문제를 해결하기 위해 EOR(enhanced oil recovery)과 CCS(carbon capture and sequestration)와 같은 기술의 중요성이 부각되고 있다. 석유 회수 증진에 이용되는 EOR은 CO_2를 사용하여 석유 생산량을 늘려 안정적인 에너지 공급과 CO_2 저감을 동시에 달성한다. 대조적으로, CCS는 비석유 생산자에 대해서도 CO_2 배출량 감소를 이끌고 있다. CO_2는 EOR 및 CCS에서 핵심적인 물질이며 결과적으로 다공성 매체에서 이산화탄소 - 오일 및 이산화탄소 - 물 시스템의 열 유체 거동을 이해하는 것이 중요하다. 이 장에서는 EOR 및 CCS와 관련된 도전 과제들, 배경, 기본 메커니즘을 소개하고자 한다.

6.2. 오일 회수 증진

6.2.1. 석유 생산 단계

1차 회수, 2차 회수 및 오일 회수 증진(또는 3차)을 포함하여 그림 6.1(a)와 같이 오일 생산 공정에 몇 가지 단계가 있다. 일반적으로 오일 생산은 이 과정을 따르지만 2차 회수 단계를 건너뛰는 동안 EOR이 적용되는 경우도 있다.

각 오일 생산의 도식적 이미지가 그림 6.1(b)와 (c) 및 그림 6.2에 나와 있다. 1차적인 회복 단계는 자연적인 추진 에너지에 의존하는 석유 생산이다. 원유는 오일 저장소의 다공성 매질에 갇혀 있다. 가스나 물은 저장소에 자연압을 일으켜 오일 생산이 되도록 한다. 오일 생산 중에는 오일 저장고가 압력을 잃기 시작하고 펌프가 오일 생산을 계속하는데 사용된다. 마지막으로, 운전 에너지의 손실로 인해 오일 저장고가 고갈된다. 생산 효율은 압력, 점도 및 다공성 구조와 같은 각 유전의 특성에 따라 크게 좌우된다. 오일 저장소의 평균 생산 효율은 약 20%이다. 일부 오일 저장소는 가스 또는 물에서 파생된 높은 압력을 유지함으로써 더 높은 효율(약 50 %)을 달성한다. 중질류 저장소에서는 효율이 약 10%로 감소된다. 나머지 오일을 제거하기 위해 2차 회수 및 EOR이 수행된다.

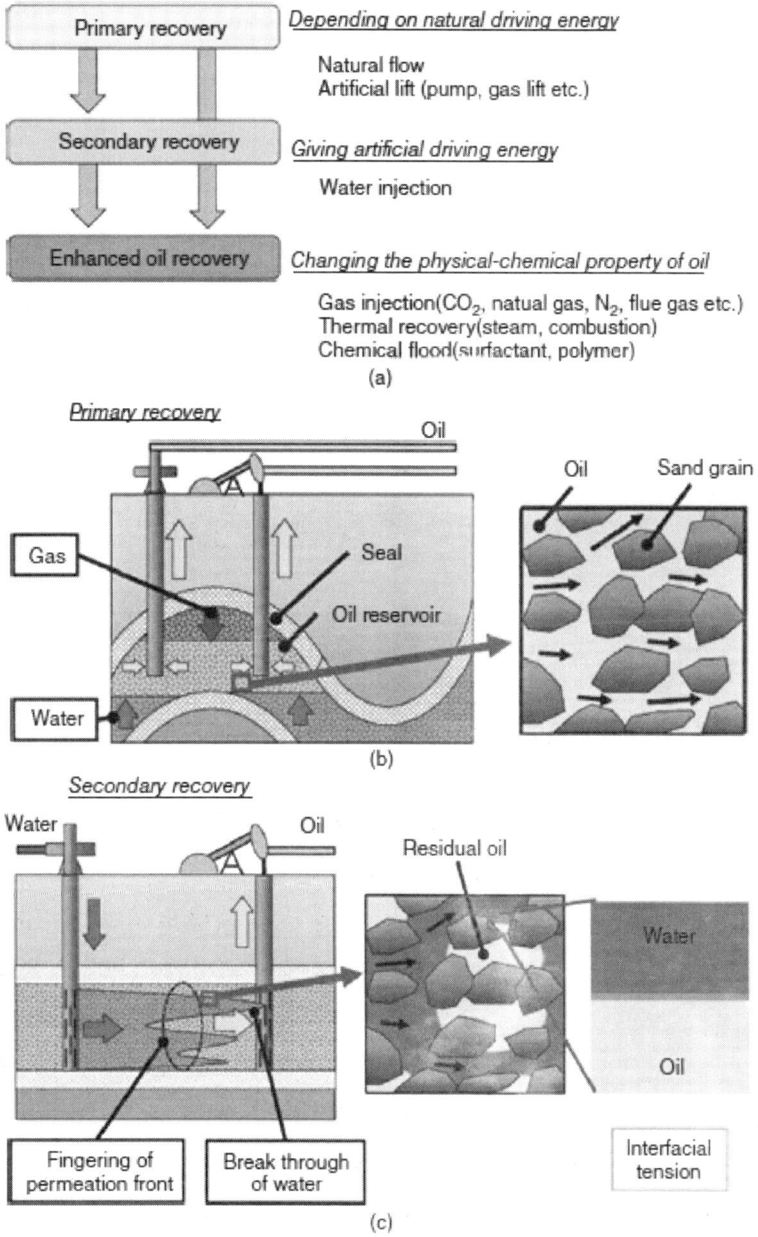

그림 6.1. (a) 오일 생산 단계, (b) 1차 회수 개략적인 이미지, (c) 2차 회수의 도식적 이미지.

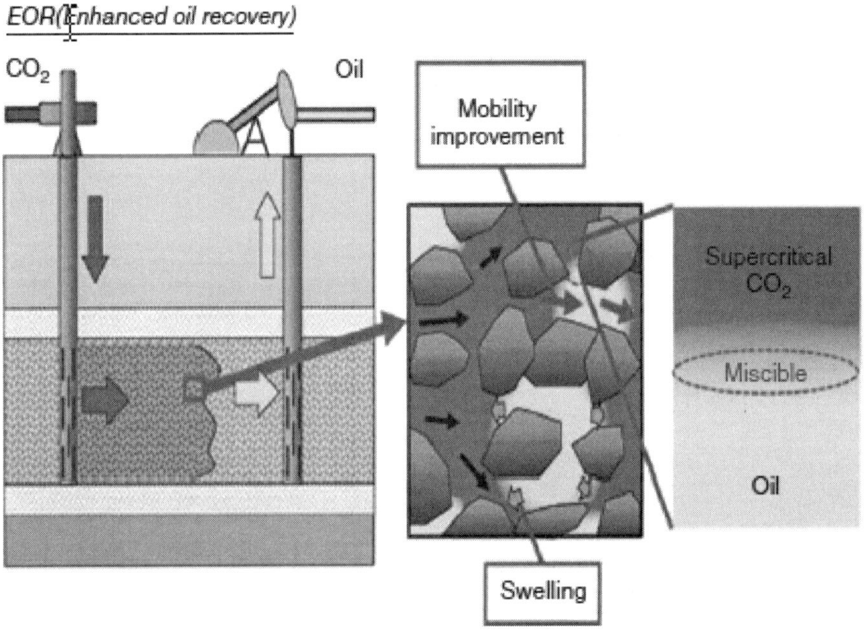

그림 6.2. 오일 생산 증진(Enhanced Oil Recovery(EOR))의 도식적 이미지.

2차 회수은 인공적인 구동 에너지를 사용하는 기술이다. 현재 대부분의 오일 생산은 오일 저장고의 압력을 유지하기 위해 물 또는 염수 주입을 사용한다. 이러한 물질은 쉽고 저렴하게 공급할 수 있기 때문이다. 평균 오일 회수 효율은 약 35%이며, 오일 유전의 유량 패턴과 밀접한 관련이 있다. 65%의 잔여 오일은 물 주입이 오일 저장소에 비혼합성 2상 흐름을 생성하기 때문에 발생한다. 저장소의 흐름 패턴은 다공성 구조, 모세관 압력, 유속 및 물/오일 비율에 의해 지배된다[11]. 물의 침투 과정은 운지 구조를 만들고 물이 생산 우물에 도달하면 더 이상 물이 생산 유전속의 오일에 힘을 가할 수 없게 된다[12]. 보다 더 높은 모세관 압력이 작은 세공 - 목구멍 구조 속에서 유도되므로 물은 큰 세공 - 목구멍 구조에만 침투하고 오일은 장력에 의해 작은 세공 - 목구멍 구조에 갇히게 된다.

EOR은 오일의 물리 화학적 성질을 변화시킴으로써 높은 오일 생산 효율을 가능하게 한다. 이 공정은 오일 생산을 향상시키기 위해 가스(CO_2, 탄화수소

가스 또는 산성 가스), 수증기, 폴리머 또는 계면 활성제를 사용한다. 최근에는 EOR[5]에서 가스 주입 및 열 회수가 주류 기술이 되었다.

6.2.2. CO_2 EOR의 물리 화학적 메커니즘

CO_2는 오일, 즉 탄화수소에 매우 잘 녹으며 오일 특성의 변화를 일으킨다. CO_2가 오일에 용해되면 CO_2 - 오일 혼합물은 팽창 효과를 나타내며(그림 6.3(a)), 팽창 계수는 CO_2 압력에 비례한다[14]. 팽창 계수는 초기 순수 오일의 부피에 대한 CO_2 포화 오일의 부피의 비율로 정의된다. 오일 저장소의 구동 에너지는 압력 증가에 의해 자연적으로 유도된다.

오일에 CO_2가 용해되면 오일 점도도 감소한다(그림 6.3(b))[15]. 오일의 유동성이 향상되고, 2차 회수 중에 관찰되는 손가락 현상이 억제된다. CO_2 - 오일 혼합물의 더 낮은 점도는 더 높은 CO_2 몰분율에서 달성되지만, 이는 오일 점도를 감소시키기 위해 많은 CO_2가 필요하다는 것을 의미한다. 온도에 따라 점도가 급격히 변하기 때문에 열회수가 점도를 낮추는 더 좋은 방법이다. 열회수는 중질유의 효과적인 기술이지만 오일을 가열하기 위해 많은 양의 에너지가 필요하다. CO_2와 오일은 특정 온도와 압력에서 서로 섞일 수 있는 유체가 된다. 이산화탄소의 용해는 계면의 소실을 초래하여 갇힌 기름의 회수를 통해 오일 생산을 향상시킨다.

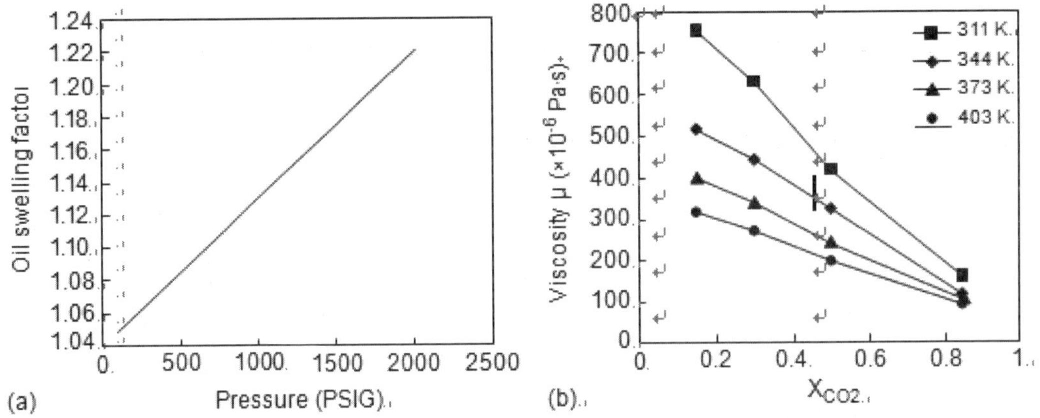

그림 6.3 (a) 기름 팽창 인자 대 압력[14],
(b) 21 MPa에서 CO_2로 인한 점도 감소[15].

6.2.3. CO_2와 오일 2개 성분 혼합물의 상평형

혼합 가능 이동은 CO_2 EOR에서 중요한 메커니즘이지만, 혼합성은 특정 온도 및 압력 조건을 필요로 한다. 그림 6.4(a)는 CO_2와 오일 혼합물의 증기 – 액체 평형을 보여준다[16]. 기체 및 액체상의 몰분율은 압력 및 온도에 의존한다. 액상에서, 헨리의 법칙에 의해 설명되는 거의 선형의 관계가 저압에서 관찰되는 반면, 기체상은 CO_2가 풍부한 성분이다. 보다 높은 압력에서 두상의 몰분율은 더욱 유사해지며, 결국 두 상 모두 특정 온도 및 압력에서 동일한 몰분율을 갖는다. 이 온도와 압력은 임계점이며, 이 지점을 넘어 CO_2와 오일 혼합물은 CO_2와 오일이 서로 섞일 수 있고, 계면 장력이 영이며, 가스와 액체 상 사이에 계면이 없는 초임계 상태를 형성한다.

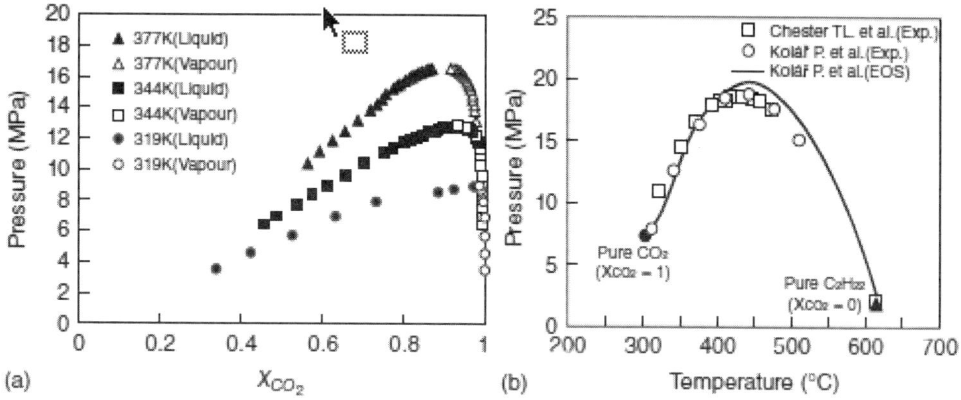

그림 6.4. (a) CO_2와 n-데칸($C_{10}H_{22}$) 혼합물의 증기 - 액체 평형[16],
(b) CO_2와 n- 데칸 혼합물의 임계점[17, 18].

임계점은 온도, 압력 및 CO_2 몰 분율에 따라 달라진다. CO_2 - 오일 혼합물의 임계점은 그림 6.4(b) [17,18]에 나와 있는 방법으로 결정할 수 있다. 실제로, 고압에서의 압력, 부피 및 온도(PVT) 사이의 관계를 예측하기 위해 여러 가지 상태 방정식(EOS) 모델이 일반적으로 사용된다(예: Soave-Redlich-Kwong(SRK) EOS 또는 Peng-Robinson(PR) EOS.) 이러한 EOS 모델의 결과는 탄화수소 혼합물에 대한 실험 데이터와 비교되며, EOS는 필요에 따라 수정된다 [19-22].

6.2.4. 최소 혼합성 압력

CO_2 순수한 탄화수소 혼합물의 혼합점은 실험적으로 또는 여러 EOS로부터 추정될 수 있다. 그러나 오일이 많은 다른 성분들로 구성되기 때문에 CO_2 - 원유 혼합물의 혼합점을 결정하는 것이 더 어렵다. EOS 모델을 적용 할 수 있는지 결정하기 위해 최소 혼합성 압력(minimum miscibility pressure (MMP))이 중요한 지표이다[23,24].

MMP는 가스가 저장소 온도에서 주어진 저장소 오일과 혼합될 수 있는 최저 압력이며 얇은 튜브 테스트로 추정된다. 얇은 튜브는 스테인레스 스틸 또는 하스텔로이 C 튜빙으로 제작 된 5 ~ 120 피트 길이의 코일 튜브이며, 외경은 0.25 in 이다. 튜브는 100 ~ 200 메쉬의 모래 또는 유리구슬로 채워져 있다. 특정 메쉬 크기, 각 테스트의 초기에는, 튜브는 주어진 온도에서 원유 샘플로 포화된다. CO_2 주입은 몇 가지 시험 압력에서 수행되며 오일 회수 효율은 주입된 부피의 함수로 결정된다. 효율은 저압 범위의 분사 압력에 비례한다(그림 6.5). 최고 효율이 주어진 압력에서 발생하는 경우, MMP는 두 개의 경향선의 교차점으로부터 추정된다.

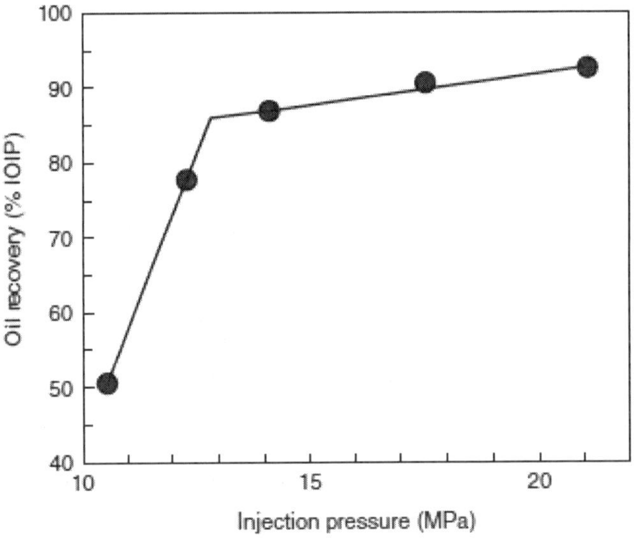

그림 6.5. 슬림 관 시험에 의한 원유 중의 MMP의 평가.

MMP는 CO_2 EOR의 사용 여부를 결정하는데 중요한 역할을 한다. MMP가 오일 저장소의 압력보다 낮으면 CO_2 EOR을 쉽게 적용 할 수 있으며, 오일 저장소의 CO_2 혼합 가능 변위는 높은 오일 회수를 실현할 것으로 기대된다. MMP가 저장소 압력보다 높으면 혼합 할 수 없는 CO_2 EOR를 수행 할 수 있지만 복구 효율은 혼합 가능한 CO_2 EOR보다 낮다. 고압 주입도 한 조건이지만 오일 저장소의 파괴를 일으킬 수 있다.

6.2.5. EOR 구현

EOR은 높은 오일 회수 효율로 주목을 받아 많은 EOR 프로젝트가 진행되고 있다. CO_2 EOR 프로젝트는 주로 합성 연료 플랜트 또는 대규모 CO_2 가스장에서 이산화탄소를 사용하여 미국과 캐나다에서 수행되고 있다. 가장 잘 알려진 프로젝트 중 하나는 EOR과 CCS를 모두 사용하는 캐나다의 Weyburn EOR 프로젝트이다[25]. 이 프로젝트에서 5000t-CO_2/day가 주입되고, 총 200Mt의 이산화탄소가 파이프라인으로 330 km 수송된다. 유전의 수명은 25년 연장되며, 추가로 13억 배럴의 석유가 회수 될 것으로 예상된다.

이산화탄소 - 오일 혼합물이 양호한 혼화성을 나타내더라도 경제 및 원유 가격의 영향을 크게 받기 때문에 모든 오일 저장소에 EOR이 적용되지 않는다는 점에 유의해야 한다. CO_2 저감 장치를 오일 저장소에 사용하면 많은 양의 순수한 CO_2를 얻을 수 있다.

CO_2 분리, CO_2 수송 및 CO_2 주입 설비, 또는 CO_2를 저렴하게 구입할 수 없거나 높은 오일 회수율을 실현할 수 없다면 EOR은 경제적으로 실현 가능하지 않다. 현재 천연 이산화탄소 배출원의 사용이 가장 경제적인 방법이며, 결과적으로 이산화탄소 배출 가스가 많은 이산화탄소 배출권 사업은 주로 미국에서 발생한다. EOR을 산업 CO_2 배출원과 연계 시키려면 CO_2 포집 비용을 크게 줄일 필요가 있다. 또한 다공성 매체에서 이산화탄소-오일 시스템 동역학의 기본 메커니즘을 더욱 명확하게 하는 것은 오일 회수 효율을 크게 향상시키는데 중요하다.

6.3. 탄소 포집 및 격리

6.3.1 CCS의 배경 및 기초

EOR은 오일 생산과 이산화탄소 감소를 모두 허용할 수 있지만 모든 국가에 유전이 존재하지는 않는다. CO_2 배출량을 줄이기 위해 CCS는 중요한 기술이다. 이 기술을 통해 대규모 고정 배출원(예 : 화석 연료 기반 발전소 및 시멘트 제조 공장)의 CO_2를 포집하여 지하에 저장한다(그림 6.6).

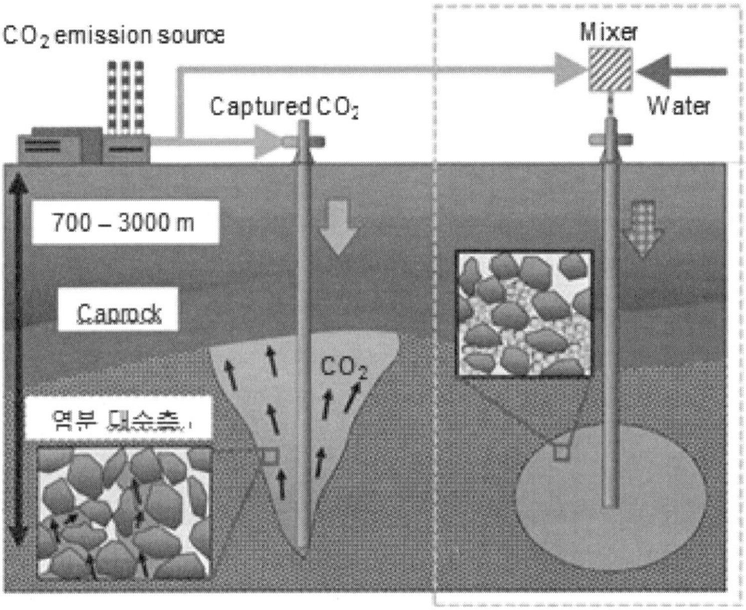

그림 6.6. CCS의 도식적인 이미지.

지질학적 CO_2 격리는 양적으로 CO_2 배출 감소에 기여할 수 있으며 기본적인 EOR 기술이 CO_2 주입에 적용될 수 있기 때문에 CO_2 저감을 위한 기술적으로 실현 가능한 방법으로 간주 된다[26−29]. CO_2 격리를 위한 적절한 후보지로는 깊은 석탄층, 고갈된 탄화수소 저장소 및 깊은 염분 대수층과 같은 지층이 있다. 이러한 옵션 중 깊은 염분 대수층은 엄청난 저장 잠재력을 제공한다. 지질학적 이산화탄소 격리에 대한 현장 시험은 최근 몇 년간 전 세계 많은 지역에서 수행되어 왔으며, 이 프로젝트를 통해 얻은 귀중한 경험이 있다. 노르웨이 슬리프너 (Slipner)에 있는 SACS 프로젝트는 진행 중인 유명한 CCS 프로젝트이며, 10 Mt의 이산화탄소가 대수층에 저장되었다[33,34].

적절한 장소는 저장소 저수지에서의 CO_2 누출을 방지하기 위해 고도로 불투과성인층(caprock 구조라고도 함)이 필요하다. Sleipner 프로젝트에서 반복되는 지진 조사는 저장소 내에서 주입된 이산화탄소의 이동을 이미지화 한다[33]. 이 운동은 CO_2의 밀도가 물의 밀도보다 낮기 때문에 발생할 수 있으므로 이산화탄소는 부력으로 인해 대수층에서 위쪽으로 이동한다. 지질학적인 CO_2 격리는 구조적, 잔류, 용해 및 광물 포획을 비롯한 여러 물리적 및 화학적 포집 메커니즘을 포함한다. 그 메커니즘들은 다공성 매체에서의 비혼합성 2상 흐름, 물(또는 염수)에서의 CO_2 확산, CO_2와 미네랄간의 화학 반응을 포함한다. 저장 잠재력 평가, CO_2 완화 예측 및 저장 비용과 같이 여전히 해결해야할 필요가 있는 몇 가지 문제들이 남아 있다. 또한 저장소에서의 CO_2 누출 위험성이 공적인 허용치를 위해 평가되어야 한다.

6.3.2. 미세화된 CO_2를 포함한 CCS

물 속에 있는 CO_2 유제의 형성과 안정성은 그림 6.7(a)에 보이는 장치로 실험적으로 조사 될 수 있다. 에멀젼 형성 장치는 스태틱 믹서, 순환 펌프 및 관찰 섹션으로 구성된다. 액체 CO_2는 밀폐된 순환 채널에 놓인 스태틱 믹서를 사용하여 미세화 시켰다. 이산화탄소 유제는 사파이어로 만든 관측창을 통해 관찰되었다. 미세화된 액체 CO_2의 크기는 동적 광산란 기술을 사용하여 측정 되었다. 순환 채널을 물로 채우고 계면 활성제를 첨가 하였다. 계면 활성제는 물과 액체 CO_2가 혼합되시 않기 때문에 액체 CO_2의 미세화를 돕기 위해 첨가되었다. 회로 압력과 온도는7.5 MPa 및 약 22℃이다.

시스댐을 설치 한 후, 주입 펌프로 가압 순환 채널에 액체 CO_2를 주입하였다. 액체 CO_2 주입 후, 배압 조절 밸브에서 물이 넘쳤다. 액체 CO_2 주입량은 주입된 액체 CO_2와 동일한 부피로 이동된 물의 부피를 측정하여 측정할 수 있으며, 물과 액체의 비율은 3 : 2였다. 물과 액체 CO_2 혼합물을 유속 500 ml/min으로 3 분간 순환시켰다. 미량화된 액체 CO_2의 직경은 측정 과정에서 브라운 운동을 사용하기 때문에 혼합이 중단된 후 측정 되었다. 미세화된 액체 CO_2의 직경 분포 및 평균 직경을 측정 하였다.

6.3.3. 실험 결과

이산화탄소 에멀젼 형성 과정은 사파이어 유리창을 통해 관찰되었다. 그림 6.7(b)는 계면 활성제가 없는 액체 CO_2와 물의 혼합을 보여준다. 액체 CO_2

는 혼합 공정 중에 미세화 되었지만, 미세한 CO_2 액적의 수명은 단지 약 2 분이었다. 불안정성 때문에 물과 액체의 CO_2 상 분리가 관찰되었다. 액체 CO_2 에멀젼은 계면 활성제의 존재하에 형성되었다. 미세화된 액체 CO_2는 즉시 안정화 되었고, 수명이 길어졌다. 거품 발생은 중력에 기인한 것이고, 흐린 상태로 2 시간 동안 존재하며, 작은 이산화탄소 물방울이 하부상에 분산되어 있다. 이산화탄소 에멀젼 방울의 직경은 전면 거품의 상승 속도를 측정하여 추정했다. 방울 직경은 Stokes의 말단 속도인 4.5 μm에서 계산되었다 (creaming front의 상승 속도는 2.7 mm/h였다).

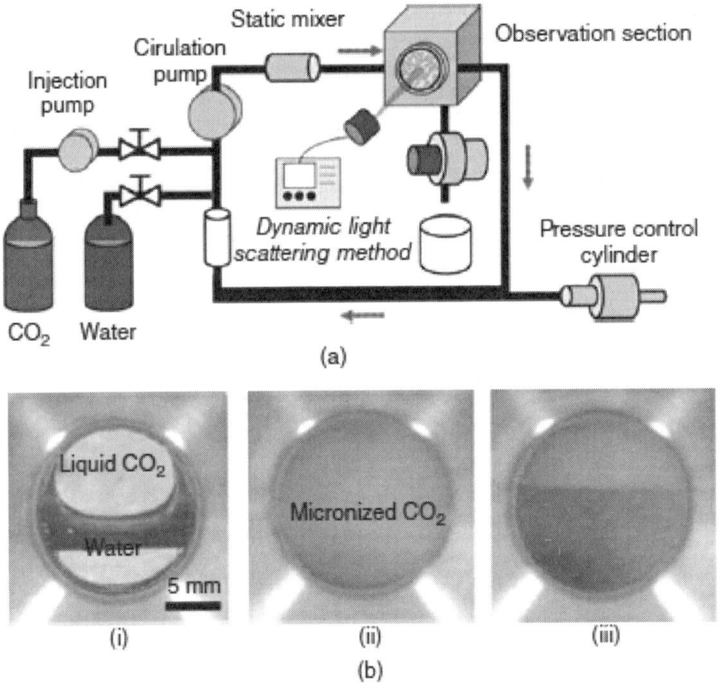

그림 6.7. (a) 실험 장치, (b) 물과 액체 CO_2 혼합물: (i) 계면 활성제없이; (ii) 계면 활성제와 함께 미세화 된 액체 CO_2; (iii) 미세화 된 액체 CO_2의 거품화.

6.3.4. CO_2 에멀젼의 물방울 직경 분포

동적 광산란법으로 얻은 이산화탄소 에멀젼의 평균 액적 직경의 시간 변화를 그림 6.8(a)에 나타냈다. 측정 지점은 사파이어 유리창의 중심이었다. 혼합 정지 직후, 초기 액적 직경은 계면 활성제 농도, Cs(=Vsurfactant/VCO)에 의존한다. Cs=3.5% 일 때, 초기 평균 액적 직경은 약 0.2 μm였고, 액적 직경은 시간에 따라 대수적으로 증가했다.

사암 대수층에서 액체 이산화탄소를 포획하기 위해, CO_2 방울은 사암 틈새와 같은 크기로 미세화될 필요가 있다. 그림 6.8(b)는 두 개의 사암인 Berea와 Tako의 갭 직경 분포를 보여준다. 1과 10 μm에서 두 사암에 대한 분산 피크가 있다. Cs=3.5%에서의 CO_2 유제 액적 직경 분포는 그림 6.8(c)에 나와 있으며, 액체 CO_2는 0.1 – 10 μm 범위의 물방울로 미세화 되어 있음을 보여준다. 분포는 시간이 지남에 따라 직경이 큰 방울로 약간 이동하지만 분포 범위는 여전히 간극 직경의 크기와 일치하며, 액체 CO_2는 사암 간격 직경과 동일한 크기로 미세화될 수 있음을 나타낸다.

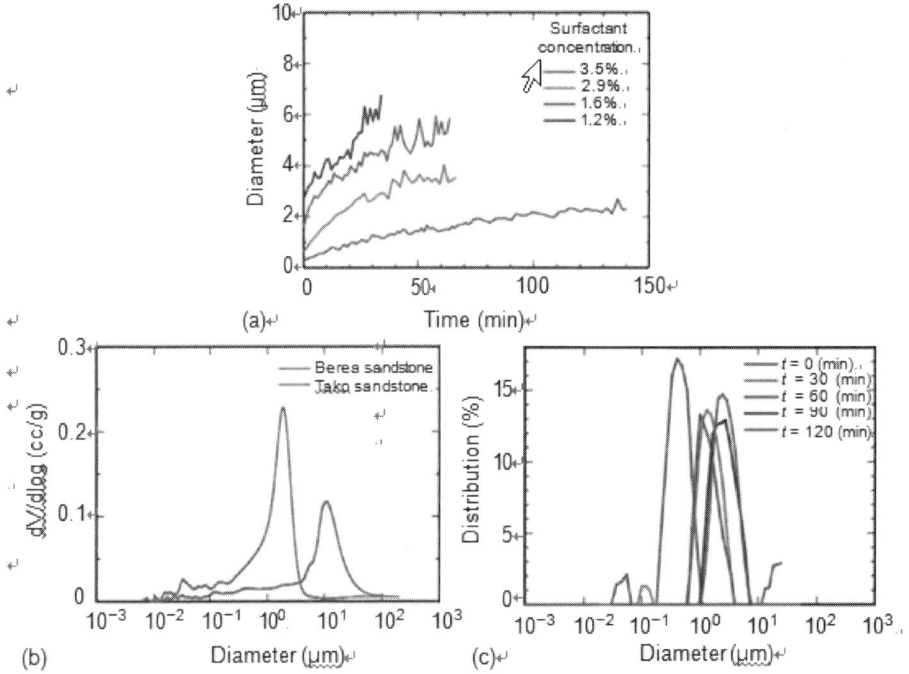

그림 6.8 (a) 평균 액체 CO_2 방울 직경의 시간 변화, (b) Berea와 Tako 사암의 갭의 분포, (c) 액체 CO_2 직경 분포의 시간 변화.

6.4. 앞으로의 과제들

CO_2 에멀젼를 사용하여 지질학적 격리가 이루어지기 위해서는 이산화탄소가 사암을 침투하여 틈새에 갇혀 있어야 한다. 에멀젼의 평균 액적 지름이 증가함에 따라 CO_2 에멀젼의 유착이 제안된다.

그림 6.8(a)-(c)와 같이 기공의 시간에 따라서 적절한 크기로 증가하는 CO_2 방울이 틈에 갇히게 된다. 그림 6.8(a)에서 알 수 있듯이 에멀젼 액적의 초기 크기와 성장 속도는 계면 활성제 농도에 의해 제어 될 수 있다. 미세화된 액체 CO_2는 다공성 구조가 응집과 유착을 제한하기 때문에 사암 대수층에서 그 크기를 유지할 것으로 예상된다. 평균 방울 직경의 안정성을 확

인하기 위해서는 더 긴 관찰 기간을 가진 추가 연구가 필요하다. 사암에서 이산화탄소 유체의 분포는 X 선 컴퓨터 단층 촬영(Computed Tomography(CT)) 또는 자기 공명 영상(Magnetic Resonance Imaging(MRI))(40)으로 조사되어야 한다. 마지막으로 저장 안정성과 벌크 CO_2와 CO_2 유체 사이의 CO_2 저장 효율의 비교가 중요한 문제이다.

6.5. 요약

CO_2는 에너지 및 환경 문세 모두에서 핵심 요소가 되고 있다. 이 분야에서 EOR 및 CCS에는 엄청난 양의 이산화탄소가 사용되지만 회수 또는 저장 효율성, CO_2 포집, 운송 및 분사의 비용, CO_2 누출 위험을 포함한 아직 해결해야 할 몇 가지 문제가 남아 있다. EOR 및 CCS의 속도론의 기본 메커니즘에 대한 보다 더 많은 연구는 이러한 기술의 효율성과 안전성을 크게 향상시킬 수 있다.

참고문헌

1. World Energy Outlook 2010 (Executive summary). International Energy Agency; 2010.
2. World Energy Outlook 2011 (Executive summary). International Energy Agency; 2011.
3. IPCC fourth assessment report: Climate change 2007. IPCC; 2007.
4. Herzog HJ(2011), Scaling up carbon dioxide capture and storage: From megatons to gigatons. Energy Economics, 33: 597 – 604.
5. Adasani AA, Bai B(2011), Analysis of EOR projects and updated screening criteria. J. Petrol. Science and Eng., 79: 10 – 24.
6. Alvarado V, Manrique E(2010), Enhanced oil recovery: An update review. Energies, 3: 1529 – 1575.
7. Owenn NA, Inderwildi OR, King DA(2010), The status of conventional world oil reserves— Hype or cause for concern Energy Policy, 38: 4743 – 4749.
8. Bachu, S.(2000), Sequestration of CO_2 in geological media: criteria and approach for site selection in response to climate change, Energy Conversion & Management, 41: 953 – 970.
9. Gale, J.(2004), Geological storage of CO_2 : What do we know, where are the gaps and what more needs to be done Energy, 29: 1329 – 1338.
10. Praetorius B, Shumacher K(2009), Greenhouse gas mitigation in a carbon constrained world: The role of carbon capture and storage. Energy Policy, 37: 5081 – 5093.
11. Lenormand R, Touboul E, Zarcone C(1988), Numerical models and experiments on immiscible displacement in porous media. J. Fluid Mechanics, 189: 165 – 187.
12. Peters EJ, Flock DL(1981), The onset of instability during two-phase immiscible dis- placement in porous media. Soc. Petrol. Eng., 21: 249 – 258.
13. Dicharry RM, Perryman TL, Ronquille JD(1973), Evaluation and design of a CO_2 mis- cible flood project-SACROC Unit, Kelly-Snyder Field. J.

Petrol.Techn., 25: 1309 – 1318.

14. U.S. Department of Energy, Advanced Resources International: Basin Oriented Strate- gies for CO_2 Enhanced Oil Recovery : PERMEAN BASIN, 4 – 4.
15. Cullick AS, Mathis ML(1984), Densities and viscosities of mixtures of carbon dioxide and n-decane from 310 to 403 K and 7 to 30 MPa. J. Chem. Eng. Data, 29: 393 – 396.
16. Jiménez-Gallegos R, Galicia-Luna LA, Elizalde-Solis O(2006), Experimental vapor– liquid equilibria for the carbon dioxide + octane and carbon dioxide + decane systems. J. Chem. & Eng. Data, 51: 1624 – 1628.
17. Kolář P, Kojima K(1996), Prediction of critical points in multicomponent systems using the PSRK group contribution equation of state. Fluid Phase Equilibria, 118: 175 – 200.
18. Chester, T.L. and Haynes, B.S.(1997), Estimation of pressure-temperature critical loci of CO_2 binary mixtures with methyl-tert-butyl ether, ethyl acetate, methyl-ethyl ketone, dioxane and decane, J. Supercritical Fluids, 11: 15 – 20.
19. Nagarajan, N. and Robinson, R. L. Jr.(1986), Equilibrium phase compositions, phase densities, and interfacial tensions for CO_2 + hydrocarbon systems. 2. CO_2 + n-decane, J. Chem. and Eng. Data, 31: 168 – 171.
20. Peng DY, Robinson DB(1976), A new two-constant equation of state. Ind. & Eng. Chem. Fund., 15: 59 – 64.
21. Adrian T, Wendland M, Hasse H, Maurer G(1998), High-pressure multiphase behaviour of ternary systems carbon dioxide– water– polar solvent: review and modeling with the Peng– Robinson equation of state. J. Supercritical Fluids, 12: 185 – 221.
22. Alfradique, M. F. and Castier, M.(2007), Critical points of hydrocarbon mixtures with the Peng– Robinson, SAFT, and PC-SAFT equations of state, Fluid Phase Equilibria, 257: 78 – 101.
23. Dong M, Huang S, Dyer SB, Mourits FM(2001), A comparison of CO_2

minimum miscibility pressure determinations for Weyburn crude oil. J. Petrol. Science and Eng., 3: 13 – 22.

24. Elsharkway, A. M. (1996), Measuring CO_2 minimum miscibility pressures: Slim-tube or rising-bubble method?, Energy & Fuels, 10: 443 – 449.
25. Wilson M, Monea M, editor. IEA GHG Weyburn CO_2 Monitoring & Storage Project Summary Report 2000 – 2004. 7th International Conference on Greenhouse Gas Control Technologies; 2004 Sep 5 – 9; Vancouver, Canada: IEAGHG; 2004.
26. Koide, H., Takahashi, M., Tsukamoto, H., Shindo, Y.(1995), Self-trapping mecha- nisms of carbon dioxide in the aquifer disposal, Energy Conversion & Management, 36: 505 – 508.
27. Bachu, S., Adams, J.J.(2003), Sequestration of CO_2 in geological media in response to climate change: capacity of deep saline aquifers to sequester CO_2 in solution, Energy Conversion & Management, 44: 3151 – 3175.
28. Bachu, S.(2007), CO_2 storage capacity estimation: Methodology and gaps. Int. J. Greenhouse Gas Control, 1: 430 – 443.
29. Kongsjorden, H., Kårstad, O., Torp, T.A.(1998), Saline aquifer storage of carbon diox- ide in the Sleipner project, Waste Management, 17: 303 – 308.
30. Michael, K., Golab, A., Shulakova, V., Ennis-King, J., Allinson, G., Sharma, S., Aiken, T.(2010), Geological storage of CO_2 in saline aquifers— A review of the experience from existing storage operations, Int. J. Greenhouse Gas Control, 4: 659 – 667.
31. Spetzler, J., Xue, Z., Saito, H., Nishizawa, O.(2008), Case story: time-lapse seismic crosswell monitoring of CO_2 injected in an onshore sandstone aquifer. Geophys. J. Int.,172: 214 – 225.
32. Bradshaw, J., Bachu, S., Bonijoly, D., Burruss, R., Holloway, S., Christensen, N.P., Mathiasseng, O.M.(2007), CO_2 storage capacity estimation: Issues and development of standards Int. J. Greenhouse Gas Control, 1: 62 – 68.
33. Trop, T.A., Gale, J.(2004), Demonstrating storage of CO_2 in geological

reservoirs: The Sleipner and SACS projects, Energy, 29: 1361 – 1369.

34. Bickle, M., Chadwick, A., Huppert, H.E., Hallworth, M., Lyle, S.(2007), Modelling carbon dioxide accumulation at Sleipner: Implications for underground carbon storage, Earth and Planetary Science Letters, 225: 164 – 176.

35. Takahashi, T., Ohshumi, T., Nakayama, K., Koide, K., Miida, H.(2009), Estimation of CO_2 aquifer storage potential in Japan, Energy Procedia, 1: 2631 – 2638.

36. Uyeda, S., Horai, K.(1963), Studies of the thermal state of the earth. The eighth paper: terrestrial heat flow measurements in Kanto and Chubu Districts, Bull. Earthquake Res. Inst., 41: 83 – 107.

37. Koide, H., Xue, Z.(2009), Carbon microbubbles sequestration: A novel technology for stable underground emplacement of greenhouse gases into wide variety of saline aquifers, fractured rocks and tight reservoirs, Energy Procedia, 1: 3655 – 3662.

38. Uemura, S., Tsushima, S., Hirai, S.(2009), Super-atomization of liquid CO_2 for stable geological storage, Energy Procedia, 1: 3087 – 3090.

39. Wellington, S.L., Vinegar, H.J.(1987), X-ray computerized tomography, J. Petrology Techn., 39: 885 – 898.

40. Suekane S, Ishii T, Tsushima S, Hirai S. Migration of CO_2 in porous media filled with water(2006), J. Thermal Science and Techn., 1: 1 – 11.

41. Bradshaw, J., Bachu, S., Bonijoly, D., Burruss, R., Holloway, S., Christensen, N.P., Mathiasseng, O.M.(2007), CO_2 storage capacity estimation: Issues and development of standards Int. J. Greenhouse Gas Control, 1: 62 – 68.

42. Trop, T.A., Gale, J.(2004), Demonstrating storage of CO_2 in geological reservoirs: The Sleipner and SACS projects, Energy, 29: 1361 – 1369.

43. Bickle, M., Chadwick, A., Huppert, H.E., Hallworth, M., Lyle, S.(2007), Modelling carbon dioxide accumulation at Sleipner: Implications for underground carbon storage, Earth and Planetary Science Letters, 225: 164 –

176.

44. Takahashi, T., Ohshumi, T., Nakayama, K., Koide, K., Miida, H.(2009), Estimation of CO_2 aquifer storage potential in Japan, Energy Procedia, 1: 2631 – 2638.

45. Uyeda, S., Horai, K.(1963), Studies of the thermal state of the earth. The eighth paper: terrestrial heat flow measurements in Kanto and Chubu Districts, Bull. Earthquake Res. Inst., 41: 83 – 107.

46. Koide, H., Xue, Z.(2009), Carbon microbubbles sequestration: A novel technology for stable underground emplacement of greenhouse gases into wide variety of saline aquifers, fractured rocks and tight reservoirs, Energy Procedia, 1: 3655 – 3662.

47. Uemura, S., Tsushima, S., Hirai, S.(2009), Super-atomization of liquid CO_2 for stable geological storage, Energy Procedia, 1: 3087 – 3090.

48. Wellington, S.L., Vinegar, H.J.(1987), X-ray computerized tomography, J. Petrology Techn., 39: 885 – 898.

49. Suekane S, Ishii T, Tsushima S, Hirai S. Migration of CO_2 in porous media filled with water(2006), J. Thermal Science and Techn., 1: 1 – 11.

제 7 장 가속된 탄산염을 통한 CO_2 광물화 및 이용

최근에는 대규모 산업 공정에서의 CO_2 배출량 통제가 기후 변화 및 지구 온난화 문제로 인해 많은 관심을 끌고 있다. 예를 들어, 지속 가능한 자원 순환을 확립하기 위해 알칼리성 고체 폐기물의 활성 성분을 안정화시키기 위한 화학 물질로서 배연가스에서 CO_2를 사용하여 탄산화 공정을 통한 통합 다중 폐기물 처리가 제안되었다. 이 장에서는 이산화탄소의 광물화를 위한 열역학과 탄산화를 통한 이산화탄소 광물 유형이 요약되어 있다.

7.1. 이산화탄소의 광물화를 위한 열역학

CO_2 저감 기술에 대한 유망한 접근법 중 하나는 이산화탄소 배출량을 줄일 수 있을 뿐만 아니라 이산화탄소를 안정한 석출물로 전환 할 수 있기 때문에 CO_2 포집 및 저장을 위한 환경 친화적 대안으로 간주되는 이산화탄소 광물화이다. 그림 7.1은 298K에서 몇 가지 탄소 관련 물질에 대한 표준 몰 자유 에너지를 보여준다. 이산화탄소의 광물화는 가속화된 탄산염 반응, 즉 탄소 포집 및 광물화(Carbon Capture and Utilization by Mineralization(CCUM))로 알려진 것으로, 자연적인 풍화 과정을 증진시키는데 열역학적으로 실현 가능하는 것으로 입증되었다[3]. 기체 이산화탄소의 에너지는 약 -400 kJ mol^{-1}이며 고체 $CaCO_3$ 침전물로서 약 -1100 kJ mol^{-1}로 감소 할 수 있다[1].

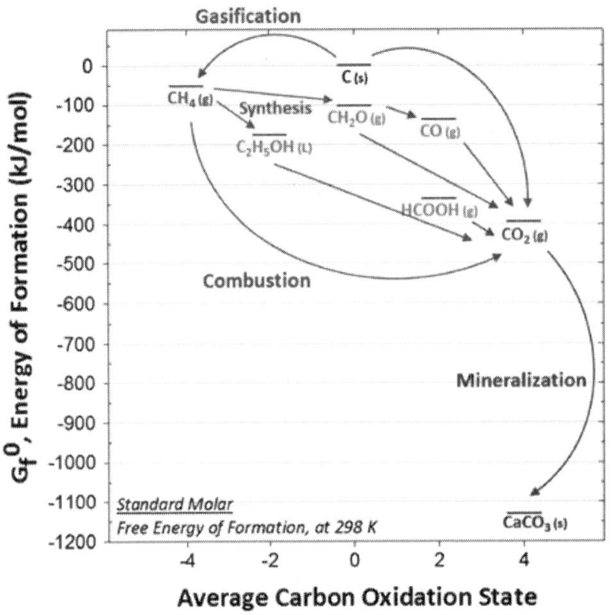

그림 7.1. 298 K에서 몇 가지 탄소 관련 물질에 대한 형성의 표준 몰 자유 에너지.

CO_2는 지구상의 생명체에 필수적인 무색의 무취 가스이다. 표 7.1은 물(H_2O)에 필적하는 CO_2의 열역학적 상태 변수를 나타낸다. CO_2는 31.06°C 및 73.8 bar (1070 lb_f/in^2)의 임계점을 가지며, 임계 밀도는 0.469 g/cm^3이다. 또한 물에서의 CO_2 확산은 대기 중 약 10,000 배 정도 낮다. 용매와 CO_2의 결합은 고압에서 일어나고, 압력의 감소는 가스를 방출한다[5]. 표준 온도 및 압력에서 이산화탄소의 밀도는 약 1.98 kg/m^3로 공기의 약 1.67 배이다.

표 7.1 이산화탄소(CO_2)와 물(H_2O)의 열역학적 상태 변수들

Property[a]	Unit	Value	
		CO_2	H_2O
Density	kg/m^3	1.778	995.65
Specific inner energy	kJ/kg	–	125.73
Specific enthalpy	kJ/kg	510.09	125.83
Specific entropy	kJ/kg/K	2.753	0.4368
Specific isobar heat capacity (cp)	kJ/kg/K	0.856	4.1800
Specific isochor heat capacity (cv)	kJ/kg/K	0.662	4.1175
Isobar coefficient of thermal expansion	1/K	3.352×10^{-3}	–
Heat conductance	W/(m K)	1.703×10^{-2}	–
Thermal conductivity	W/(m K)	–	0.6155
Dynamic viscosity	kg/m/s	1.517×10^{-5}	7.973×10^{-4}
Kinematic viscosity	m^2/s	8.530×10^{-6}	8.008×10^{-7}
Thermal diffusivity	m^2/s	1.132×10^{-5}	–
Prandtl number	–	0.7624	–
Schmidt number	–	0.7550	–
Coefficient of compressibility Z	–	0.9952	–
Speed of sound	m/s	270.69	1512.07

[a]Calculated at 1.013 bar and 30 °C by Peace Software (Web site) from http://www.peacesoftware.de/einigewerte/co2_e.html

CO_2는 약한 친전자체이며, 물(또는 용제)에 물리적으로 용해되며 헨리의 법칙에 따라 설명될 수 있다. 헨리의 법칙은 순수 물의 가스 용해도와 가스의 분압 사이의 관계를 나타낸다. 헨리의 법칙은 용액에서 완전히 희석될 수 있는 가스에 대해서만 엄격하게 유효하다. CO_2는 물에서의 이온화가 불완전하기 때문에 약산인 탄산(H_2CO_3)의 가역 반응 형태로 생산될 수 있다. 물에서 CO_2가 용해되는 양은 식 (7.1)의 헨리의 법칙을 따른다.

$$C'_{CO_2} = H'_{CO_2} \times P_{CO_2} \tag{7.1}$$

여기서 C'는 수용액(M)에 용해된 CO_2의 농도이다. 식 (7.2)에 나타난 바와 같이 H'_{CO2}는 CO_2에 대한 헨리 상수(즉, 25℃에서 $10^{-1.46}$ atm^{-1}), P_{CO2}는 기상(atm)에서의 CO_2 분압이다. 기체 이산화탄소의 탄산(H_2CO_3)으로의 해리는 다음과 같이 식(7.2)에 보여준다. 25℃에서의 H_2CO_3의 수화 평형 상수 (K_h)는 약 1.7 x 10^{-3}이다.

$$CO_2(g) + H_2O(aq) \rightarrow H_2CO_3(aq) \qquad (7.2)$$

수용액에서, H_2CO_3는 식 (7.3)에 나타난 바와 같이 용해된 CO_2($CO_2(aq)$로 표시)와 유효 H_2CO_3($H_2CO_3^*(aq)$로 표시)를 포함한다. 일반적으로 $H_2CO_3^*$의 농도는 CO_2 농도보다 훨씬 낮다. 따라서 H_2CO_3는 2개의 산 해리 상수(K_a)를 갖는다.

$$H_2CO_3(aq) = CO_2(aq) + H_2CO_3^*(aq) \qquad (7.3)$$

탄산 이온과 HCO_3^- 및 탄산염 CO_3^{2-}의 해리는 식 (7.4)과 식 (7.5)에 나타난 바와 같이 설명 할 수 있다. 식 (7.4)에 나타난 바와 같이, 25°C에서 중탄산염(수소 탄산화라고도 함)이온으로의 탄산 이온의 해리에 대한 첫 번째 값은 2.5 x 10^{-4} 몰/L, 이는 pK_{a1} = 3.6에 해당한다.

$$H_2CO_3(aq) \rightarrow H(aq) + HCO_3^-(aq) \qquad (7.4)$$

식 (7.5)에 나타난 바와 같이, 탄산이온이 25°C에서 중탄산 이온으로 분리되는 두 번째 값은 4.47 x 10^{-7} 몰/L, 이는 pK_{a1} = 6.35에 해당한다.

$$H_2CO_3^*(aq) \rightarrow H^+(aq) + HCO_3^-(aq) \tag{7.5}$$

생성된 중탄산염(HCO_3) 이온은 식 (7.6)과 같이 탄산염(CO_3^{2-}) 이온으로 해리 될 수 있다. 여기서 25℃에서의 해리상수는 4.69 x 10^{-11} 몰/L, 이는 pK_{a2}= 10.33에 해당한다.

$$H_2CO_3^-(aq) \rightarrow H^+(aq) + CO_3^{2-}(aq) \tag{7.6}$$

CO_2, H_2CO_3 및 탈 양성자형 중탄산염(HCO_3^-)과 탄산염(CO_3^{2-})의 상대적 농도는 용액의 pH 값에 따라 달라진다. 낮은 pH(대략 4)에서는 H_2CO_3의 생산이 중성 pH(대략 8)에서 지배적으로 일어나고, 높은 pH(대략 12)에서는 CO_3^{2-}가 우세하다. 결과적으로, 식 (7.7)로서 표현 되어 질수 있는 탄산 시스템의 몰 수지는 다음과 같이 표현 될 수 있다.

$$C_T = [H_2CO_3^*(aq)] + [HCO_3^-(aq)] + [CO_3^{2-}(aq)] \tag{7.7}$$

여기서 C_T는 총 무기 탄소(total inorganic carbon(TIC)) 농도 (M)이다.

7.2. 탄산화를 통한 CO_2 광물화

화학적 흡착 반응으로 간주되는 가속 탄산화는 "광물 격리(mineral sequestration)" 또는 "광물 탄산화(mineral carbonation)"라고 할 수 있다. 가속 탄산염은 CO_2가 금속 산화물 함유 물질과 반응하여 안정하고 불용성인 탄산염을 형성하는 자연 풍화 과정을 모방하는 것이다. 탄소 포집, 이용 및 저장(CCUS) 기술 중에서 천연 미네랄(또는 산업 알칼리성 고체 폐기물)의 가속 탄산화는 광물화 후에 가스상의 CO_2가 탄산염 침전으로서 고정되어 거의 방출되지 않기 때문에 앞으로 수십 년 동안 CO_2 배출 저감에 매력적이다. 더욱이 탄산화가 발열 반응이기 때문에, 에너지 소비와 비용은 그 고유의 성질에 의해 감소될 수 있다[2].

그림 7.1에서 볼 수 있듯이 화석 연료 또는 탄소 관련 화학 물질의 연소로 생성된 CO_2는 광물 탄산염으로 직접 고정 될 수 있다. 탄산염은 자연적으로 발생하는 광물이며 형성의 최저 자유 에너지를 지니고 있기 때문에 탄산염 생성물은 영구적으로 고정되어 지질학적 기간 동안 저장될 수 있다. 즉, 안전하고 안정적인 저장 문제를 보장 할 수 있어 환경에 대한 CO_2 배출량을 무시할 수 있다.

가속 탄화 과정에서 가스 상의 CO_2는 용액에 용해되어 탄산염 이온을 형성한다. 산화칼슘 또는 산화마그네슘은 CO_2와 반응할 때 가장 유리한 금속 산화물이다. 탄산염 이온은 알칼리 토금속 산화물(예 : CaO 및 MgO)과 반응한 다음 수용성 환경의 존재 하에서 탄산염 침전물로 전환된다. 모든 경우에 가속 탄산화는 탄산을 중화시키기 위해 1가의 나트륨 및 칼륨과 같은 염기성 이온 또는 2가 칼슘 및 마그네슘 이온을 제공해야 한다. 철 금속과 같은 다른 탄산염 형성 원소는 독특하고 소중한 특성 때문에 실용적이지 못하다[8]. 그림 7.2는 (1)고체 입자 내부의 직접 변환, (2)입자 표면의 결정화, (3)벌크 용액에서의 침전 후에, (4)입자 표면에의 부착을 포함하는 알칼리성 고체 입자와의 반응에서 탄산이온(CO_3^{2-})의 잠재적인 경로를 보여준다.

전형적으로 가속 탄산화는 다음 공정[3-5]중 하나에 의해 수행 될 수 있다.

● 현장 탄산화(in situ carbonation)[6,7]: 지질 형성의 "지하", 농축된 CO_2는 지하 화성암(전형적으로 현무암)과 $CaCO_3$ 및 $MgCO_3$와 같은 고체 탄산염으로 접대 바위 안에 영구적으로 고정된다.

● 현장 외 탄산화(ex situ carbonation)[8, 9]: 화학 처리 공장의 "지상", 칼슘 실리케이트 공급 원료(천연 광석 또는 알칼리성 고체 폐기물)는 다음과

같이 지상에서 탄산화 한다.

- 산업 현장에서의 탄산화
- 생물학적 매개 탄산화
- 산업용 반응기들에서 탄소 광물화

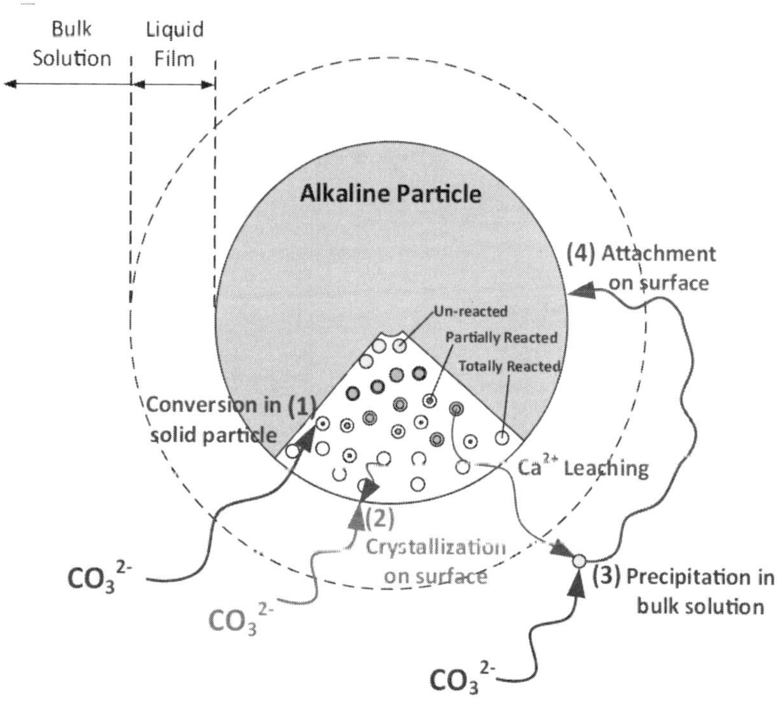

그림 7.2. 알칼리성 고체 입자와 반응하여 탄산 이온 (CO_3^{2-})의 경로

7.2.1. 현장 탄산화(In situ Carbonation)

현장(광물) 탄산화는 현무암(basalt) 또는 감람석(peridotite)광물을 통한 저장 프로젝트의 세계적 발전으로 간주된다. 지하에 탄산염 형성을 촉진하기

위해 농축된 CO_2가 규산염 암석에 주입된다. 이것은 CO_2 저장 방법의 한 유형으로 간주 될 수 있다. 그러나 현장 탄산화의 대규모 배치에서 몇 가지 문제들이 발견된다[5].

- 자연적 특성(예: 지열구배)이 탄산염 처리에 특히 유리한 적절한 장소의 확인
- 온도와 압력의 함수로서 CO_2 용해도와 Si 또는 Mg 용해도 모두에서 보다 더 긴 반응 시간의 모사
- 인위적인 반응 향상 방법에 대한 에너지 요구량 감소
- 공정의 진척 및 반응 속도가 느림

현장 탄산화는 현장 외 탄산화에 비해 경제적 이점을 제공 할 수 있지만 중소 이산화탄소 배출원에 경제적으로 실행 가능한 옵션이 아닐 수 있다. 반대로, 현장 외 탄산 공정은 지질 저장이 부족한 산업에서 매력적일 수 있으며 신속하게 완공까지 완료해야 한다.

이산화탄소 배출원 가까이에서 이용할 수 있는 많은 대규모 산업 폐기물은 현장 외 탄산화(ex situ carbonation)를 위한 공급 원료로 간주될 수 있다.

따라서 현장 외 탄산염은 잠재적인 용량 및 CO_2 격리 비용 측면에서 현장 탄산화(지질적인 저장)와 경쟁 할 수 없지만 일부 환경적 이점은 현장 외 탄산화에 의해 달성될 수 있다.

7.2.2. 현장 외 가속된 탄산화(Ex Situ Accelerated Carbonation)

현장 외 가속된 탄산화에 적합한 물질은 일반적으로 칼슘, 마그네슘, 알루미늄, 철 및 망간 산화물을 포함하여 금속 산화물이 풍부하다. 이러한 적절한 원료 공급원은[10-11] 다음을 포함 한다.

- 천연 광석: 사문석과 규회석
- 알칼리성 고체 폐기물: 제철 및 제강 슬래그, 연소 잔여물, 시멘트/콘크리트 폐기물 및 플라이 애쉬

"천연 광석"을 이용한 탄산의 가속화는 대량의 광물 요구량 및 관련 규모의 광산으로 인해 환경에 영향을 줄 수 있다[7]. 결과적으로 채광 작업의 규모는 천연 광물을 사용하는 대규모 탄산화 공정에서 가장 중대한 경제 및 환경 장벽으로 간주된다. 반대로 "알칼리성 고체 폐기물"을 이용한 가속 탄산화는 3E(공학, 환경 및 경제) 측면에서 여러 이점을 제공할 수 있다[6, 10, 24-27].

● 엔지니어링 측면:

- 낮은 재료비로 높은 매장 허용량으로 인해 탁월한 격리 능력을 제공한다.
- $CaCO_3$ 및 $MgCO_3$와 같은 탄산염 생성물은 주변 조건, 즉 산성화가 없을 때 열역학적으로 안정하다.
- 건축 자재와 같은 다양한 응용 분야에서 제품을 유리하게 재사용 할 수 있다.
- 자유로운 산화칼슘의 양과 관련된 수화 팽창을 줄일 수 있다.

● 환경 측면:

- 세계적으로 이용 가능한 산업용 알칼리성 고체 폐기물을 매립에서 막을 수 있다.
- 적절한 자연 모래를 운송할 필요성을 줄이거나 제조된 골재를 생산하는데 필요한 에너지를 줄이기 위해 대체 물질을 만든다.
- 탄산염은 중금속 미량 원소의 잔류물에서의 용출 감소 및 폐기물 안정화로 인한 환경 영향을 감소시킨다.

● 경제적 측면:

- 에너지 소비 및 비용은 고유한 특성(즉, 발열 반응)에 의해 감소 될 수 있다.
- 알칼리성 폐수가 액체 시약으로 사용되면 형성된 탄산염 침전물로 인해

용액의 pH를 중화시킬 수 있다.

- 제철소내의 현장 수송이 필요 없기 때문에 비용 효율적인 공정이다.

현장 외 탄산화는 지금까지 경제적으로 실행 가능하지 않지만, 탄산에 필요한 원료가 전 세계적으로 풍부하기 때문에 관련 연구 및 실험이 활발하다. 기본적으로 현장 외 탄산화를 위한 다음의 두 가지 분야가 개발되었다.

- 직접 탄산화: 반응은 한 단계로 일어난다.
- 간접 탄산화: 광물을 먼저 정제한 다음 정제된 광물을 탄산화해야 한다.

공급 원료 관점에서 볼 때, 기본 산소 연소 슬래그(Basic Oxygen Furnace Slag(BOFS)), 아르곤 산소 탈탄 슬래그(Argon Oxygen Decarburization Slag(AODS)) 및 연속 주조 슬래그(Continuous Casting Slag(CCS))와 같은 철 및 강철 슬래그의 달성 가능한 CO_2 포집 능력은 플라이 애쉬(Fly Ash(FA))와 같은 기타 고형 폐기물 보다 훨씬 높다. 반응 온도는 고체 폐기물로부터의 칼슘 이온의 침출 속도뿐만 아니라 CO_2 용해 및 탄산염 침전 속도에도 영향을 미친다. 슬래그와 플라이 애쉬[28-30]를 이용한 수용성 탄산화의 경우 탄산염에 대한 적절한 운전 온도는 60 ~ 80℃ 범위로 설정되어야 한다는 것이 관찰되었다.

그림 7.3은 배연가스(CO_2), 폐수 및 알칼리성 고체 폐기물을 포함한 산업 폐기물을 사용하는 현장 외 가속화된 탄산화의 개념도를 보여준다. 이 과정을 통해 배연가스의 가스상 CO_2는 고체 탄산염으로 고정 될 수 있었지만 폐수는 pH 값이 6-7로 중화 될 수 있었다. 또한 고형 폐기물의 화학적 및 물리적 특성은 탄산화 후 업그레이드 될 수 있으며 녹색 건축 자재(예 : 보충 시멘트 소재)와 같은 다양한 용도로 재사용이 용이하다[12].

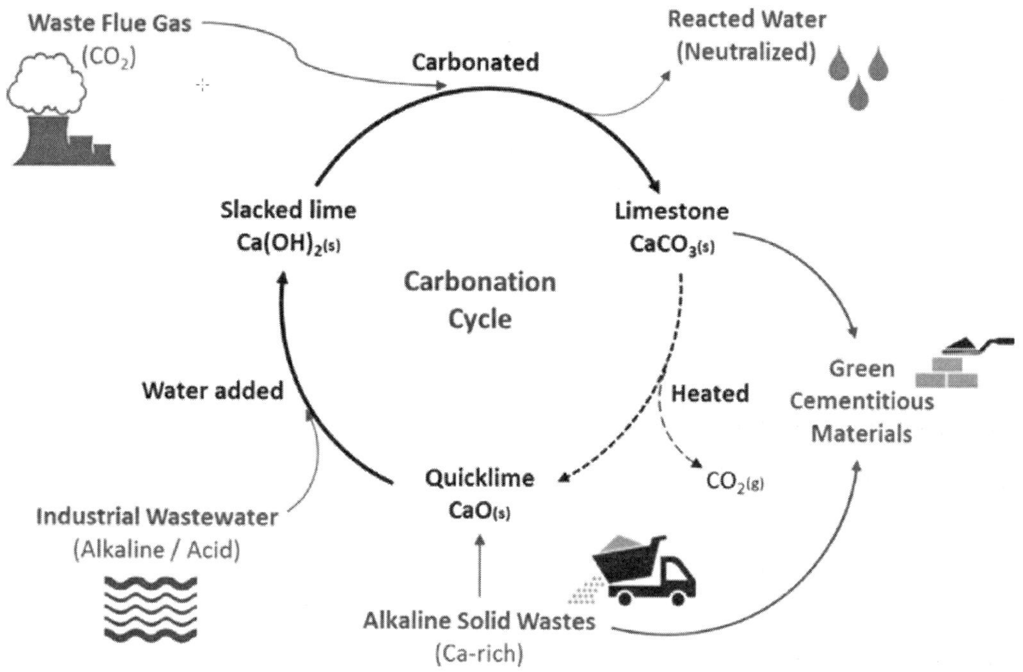

그림 7.3. 가속 된 탄산염을 통한 CO_2 광물 및 폐기물 이용 통합에 대한 혁신적인 접근법.

탄산염은 콘크리트/모르타르의 $Ca(OH)_2$ 용해성으로부터 상대적으로 불용성인 $CaCO_3$가 형성되기 때문에 콘크리트/모르타르의 내구성을 향상시키는 효과적인 방법이다[13]. 더욱이, 가속화된 탄산화는 금속 탄산염의 형성에 의한 알칼리성 고체 폐기물로부터 침출되는 Pb, Cd 및 Cr과 같은 중금속을 효율적으로 고정시킬 수 있다[14-15]. 공기 오염 제어(Air polution Control(APC))플라이 애쉬 및 바닥 애쉬의 경우, Pb, Cr, Zn, Cu 및 Mo를 포함한 중금속의 침출은 탄산화시 크게 감소될 수 있다. Cd와 Pb는 $CaCO_3$ 생성물과 강한 친화도를 가지며 또한 Fe와 Al(hydr-) 산화물과의 착물을 형성한다[45]. 유사하게 Sb는 탄산염 반응 동안 흡착제 첨가와 같은 다른 공정과 결합하여 고정될 수 있다.

탄산화 방법의 관점에서, 직접 탄산화를 이용한 이산화탄소 포집 효율은 간접 탄산화를 사용하는 것보다 우수하다는 것이 발견되었다. 즉, 간접 탄산에 비해 직접 탄산화로 CO_2 제거 능력 및 비율을 높일 수 있다. 그러나 간접 탄산염에서 생성된 $CaCO_3$ 침전물의 순도는 직접 탄산화를 사용했을 때보다 높았으며, 이는 직접적으로 탄산염을 사용하는 경우보다 높은 부가가치 제품을 활용할 수 있다. 따라서 탄산염 제품의 활용은 CO_2 감축과 산업에서의 폐기물 이용을 결합하기 위해 실행되어야 한다.

7.3 알칼리성 폐기물의 현장 외 탄산화 개선 방안(Approach to Enhancing Ex Situ Carbonation for Alkaline Wastes)

지속 가능한 자원 순환을 위해 알칼리성 고체 폐기물에서 활성 성분을 안정화시키기 위한 화학 물질로 배가스에서 CO_2를 사용하여 가속 탄산화를 통한 다중 폐기물 처리에 대한 통합적 접근법이 제안되었다. 경제적인 관점에서 볼 때, 현장 외 탄산화는 폐수의 처리 비용을 줄이고 알칼리성 고체의 부가가치를 높일 수 있다. 또한, 이산화탄소 배출량은 교토 의정서에 의해 발급된 청정 개발 체제(Clean Development Mechanism(CDM))하에서 배출권 거래제(Emission Trading Scheme(ETS))에 사용될 수 있는 인증된 배출권 저감(Certified Emission Reduction(CER)) 예금으로 간주 될 수 있다. 알칼리성 고체 폐기물은 환경적 및 경제적 이점을 모두 달성하기 위해 특히 CO_2 원 근처에서 폐기물이 생성되는 경우 다량의 CO_2를 격리하는데 사용할 수 있다. 비용 효과적인 방법을 얻기 위해 알칼리성 고체 폐기물에 대한 현장 외 탄산화(ex situ carbonation)에 대한 몇 가지 전략이 다음과 같이 제안된다.

◎ 적절한 탄산염 효율: 고체 폐기물의 경우 85% 이상의 탄산염 전환율은 폐기물 안정화 및 CO_2 고정을 달성할 수 있어야 한다[1]. 또한 공급 원료 광물은 운송비용을 최소화하기 위해 CO_2 배출 지점 근원에 있어야 한다.

◎ 향상된 에너지 회수: 원료 슬래그(슬래그의 경우), 공정 가열 및 슬러리 교반 절차는 일반적으로 에너지 집약적인 공정이다. 산업적 맥락에서 공정을 경제적으로 실행 가능하게하기 위해서는 발열 탄산 공정에 의해 보상될 필요가 있다[3, 16].

◎ 통합 폐기물 처리: 알칼리성 고체 폐기물의 수성 가속 탄산화는 대규모 적용을 위해 폐수를 활용하는 링크로 제안된다.

◎ 다각화 된 제품 사용: 탄산(또는 처리 된) 고형 폐기물은 유리 세라믹(소결 공정에서 적니가 있음)과 침전 탄산칼슘(PCC)과 같은 고 부가가치 물질로 전환 될 수 있다.

◎ 가속 파일럿 규모 데모: 배포를 고려하기 전에 상당한 기술적 진보가 필요하다. 여기에는 반응기 설계, 폐기물에서 자원으로 공급망 및 3E(엔지니어링, 환경 및 경제) 측면의 시스템 최적화가 포함된다[17].

참고 문헌

1. Pan S-Y, Chiang A, Chang E-E, Lin Y-P, Kim H, Chiang P-C(2015), An innovative approach to integrated carbon mineralization and waste utilization: A review, Aerosol Air Qual Res 15:1072-1091.
2. Lackner KS(2003), A guide to CO_2 sequestration, Science 300(5626):1677-1678.
3. IEA(2013) Mineralisation—carbonation and enhanced weathering, International Energy Agency.
4. Pan S-Y, Chang EE, Chiang P-C(2012), CO_2 capture by accelerated carbonation of alkaline wastes: a review on its principles and applications, Aerosol Air Qual Res 12:770–791.
5. Sanna A, Uibu M, Caramanna G, Kuusik R, Maroto-Valer MM(2014), A review of mineral carbonation technologies to sequester CO_2, Chem Soc Rev 43(23):8049–8080.
6. Kelemen PB, Matter J(2008), In situ carbonation of peridotite for CO_2 storage. In: The National Academy of Sciences of the United States of America:17295 –17300.
7. Muriithi GN, Petrik LF, Fatoba O, Gitari WM, Doucet FJ, Nel J, Nyale SM, Chuks PE(2013) Comparison of CO_2 capture by ex-situ accelerated carbonation and in in-situ naturally weathered coal fly ash. J Environ Manage 127:212–220.
8. Gerdemann SJ, O'Connor WK, Dahlin DC, Penner LR, Rush H(2007), Ex situ aqueous mineral carbonation. Environ Sci Technol 41(7):2587–2593
9. Pan SY, Chiang PC, Chen YH, Tan CS, Chang EE(2013), Ex Situ CO_2 capture by carbonation of steelmaking slag coupled with metalworking wastewater in a rotating packed bed. Environ Sci Technol 47(7):3308–3315.
10. Olajire AA (2013) A review of mineral carbonation technology in sequestration of CO2. J Petrol Sci Eng 109:364–392.

11. Eloneva S, Said A, Fogelholm C-J, Zevenhoven R(2012), Preliminary assessment of a method utilizing carbon dioxide and steelmaking slags to produce precipitated calcium carbonate. Appl Energy 90(1):329–334.
12. Fernandez Bertos M, Li X, Simons SJR, Hills CD, Carey PJ(2004), Investigation of accelerated carbonation for the stabilisation of MSW incinerator ashes and the sequestration of CO_2, Green Chem 6(8):428.
13. Tsuyoshi S, Etsuo S, Minoru M, Nobuaki O(2010), Carbonation of c-Ca_2SiO_4 and the mechanism of vaterite formation. J Adv Concr Technol 8(3):273–280.
13. Cappai G, Cara S, Muntoni A, Piredda M(2012), Application of accelerated carbonation on MSW combustion APC residues for metal immobilization and CO_2 sequestration. J Hazard Mater 207–208:159–164. doi:10.1016/j.jhazmat.2011.04.013.
14. Fernandez Bertos M, Simons SJ, Hills CD, Carey PJ(2004), A review of accelerated carbonation technology in the treatment of cement-based materials and sequestration of CO_2, J Hazard Mater 112(3):193–205.
15. Arickx S, Van Gerven T, Vandecasteele C(2006), Accelerated carbonation for treatment of MSWI bottom ash. J Hazard Mater 137(1):235–243.
16. Pan SY, Chiang PC, Chen YH, Chen CD, Lin HY, Chang EE(2013), Systematic approach to determination of maximum achievable capture capacity via leaching and carbonation processes for alkaline steelmaking wastes in a rotating packed bed. Environ Sci Technol 47 (23):13677–13685.
17. Pan S-Y, Lorente Lafuente AM, Chiang P-C(2016), Engineering, environmental and economic performance evaluation of high-gravity carbonation process for carbon capture and utilization. Appl Energy 170:269–277.

저자소개

김 동선 - 공주대학교 화학공학부
조 정호 - 공주대학교 화학공학부
박 회경 - 공주대학교 화학공학부

이산화탄소 전환 및 격리 기술 소개

A-JIN

인　　쇄 : 2018년 12월 02일
발　　행 : 2018년 12월 04일
편　　저 : 김동선 · 조정호 · 박회경
발 행 처 : 도서출판 아진
437-120
경기도 의왕시 이미로 40 (포일동 653번지)
인덕원IT밸리 A동 1019호
TEL:02-737-0663 FAX:02-737-0664
Homepage:ajin.to
E-mail:kgb@ajin.to
발 행 인 : 김 근 배
등록번호 : 제330-1995-56호
I S B N : 978-89-5761-520-1　　93570

가격 25,000원

본 교재는 2017년도 산업통상자원부의 재원으로 한국에너지기술평가원(KETEP)의 에너지인력양성사업으로 지원받아 수행한 인력양성 성과입니다. (No. 20174010201560)